메디 컨투어

(MEDI CONTOUR)

이수미 · 이용미 · 임미현 저

PREFACE

지금 대한민국의 반영구화장기술은 세계 최고기술이라 해도 무방할 정도로 높은 수준에 올라와 있습니다. 또한 이를 입증하듯이 남녀노소할 것 없이 많이 사람들이 반영구화장을 시술받고 있습니다. 이런 관심은 한국을 넘어 세계 여러 나라에서 '한류 반영구화장'의 명칭이 생길 정도로 그 인기와 기술을 인정하고 있습니다. 또한 이러한 반영구화장의 기술은 단순히 아름다워지고 화장의 번거로움을 덜 하기 위한 방법의 화장술에서 의료용 시술(구순구개열, 가슴재건술, 백납증 등)로도 기술 분야가 확대 발전하게 되었습니다.

이러한 시대 흐름에 발맞춰 전문교육기관이 생겨나고 있으며 많은 분들이 교육에 참여해 기술습득을 하고 국내 및 해외에서 기술을 전파하고 있습니다. 하지만 정작 현실에서는 많은 문제점을 야기하고 있습니다. 시술에만 급급한 나머지 반영구화장에서 중요한 부분들을 잊어버리는 경우가 발생되는 것입니다. 결국 시술에 집중한 나머지 기초지식 및 경험부족에서 나타나는 문제를 해결하지 못해 스스로 반영구화장을 포기하는 분들이 발생하고 있습니다.

본 저자는 중국아건강복무중심과 함께 피부아건강방향 반영구 표준화 기술서를 작성하면서 많은 것을 느끼고 배우게 되었습니다. 체계적이고 표준화된 교육 교재개발이 한국에서 필요하다는 생각이 앞서게 된

것입니다. 기술은 세계 최고라 자부하는 한국 반영구화장이지만 해외에서는 표준화된 기술서나 기초 표준적인 전문서적하나 없는 것이 안타깝고 그로 인해 기술은 최고지만 그를 입증할만한 근거자료가 없기에 기술이 사장되고 기술개발이 줄어드는 현실에 안타까운 마음이 더해지고 있습니다.

본 저자는 책을 집필하면서 무엇보다 기본에 충실하고 기본이 완성된 한국 반영구화장의 전문교육시스템 및 현장에서 유용하게 활용할 수 있는 내용으로 기술하였습니다. 반영구화장을 처음 접하게 되는 분들과 현재 많은 활동을 하시는 모든 반영구화장인들에게 조금이나마 도움이 되고자 하며 한국 반영구화장이 세계표준화로 우뚝 솟는 날까지 최선을 다하는 반영구화장인이 되도록 노력하겠습니다.

마지막으로 이 책의 출판을 위해 많은 도움을 주신 도서출판 구민사 조규백 대표님과 직원 여러분께 깊은 감사를 드립니다.

저자 씀

CONTENT

PART 03

위생학 개론

PART 04

색채학

실기편

PART 01

실기 이론 및 연습

부록

이론편

MEDI CONTOUR

Theory

01

메디 컨투어 Make-up 개론

01 Permanent Make-up이란?

1_ Permanent Make-up의 용어적 해설

일반적으로 'permanent'의 사전적 의미는 '고정된, 변하지 않는, 영원한'이란 의미를 가지고 있다. 이 용어를 한국말로 직역하자면 '영구화장'을 뜻한다. 영구적인 화장으로 지워지지 않는 것을 말한다고 이해할 수 있으나 여기서는 '오랫동안'이라는 의미로 이해하여 '오랫동안 지워지지 않는 화장'으로 해석하면 무난하다고 하겠다.

따라서 Permanent Make-up은 일반 메이크업에 비해 오랫동안 지속되는 메이크업으로 땀이나 물에도 지워지지 않으며 아름다움을 오랫동안 지속시키기 위한 메이크업의 일종이다.

Permanent Make-up은 국가별로 여러가지 용어로 불리는데 독일에서는 메디 컨투어 메이크업(Medi-contour Make-up), 피그먼테이션(Pigmentaion), 마이크로 피그먼테이션(Micropigmentaion) 등으로 다양하게 불리며 미국에서는 퍼머넌트 메이크업(Permanent Make-up), 퍼머넌트 코스메틱(Permanent Cosmetic)으로 일본에서는 아트메이크업 등으로 불려지고 있다.

마이크로 피그먼테이션(Micropigmentaion)이란 미세한 입자의 색소를 피부 표피층에 삽입하는 모든 행위를 일컫는데 퍼머넌트 메이크업보다 조금 더 큰 범주라고 이해하면 된다.

메이크업이라는 용어가 얼굴에 하는 화장을 일컫는 의미라고 할 때 얼굴 및 몸의 상처, 모발, 유두·유륜 등 그 활용 범위가 넓은 것을 감안하여 "마이크로 피그먼테이션"이라고 칭하는 것이다.

2_Permant Make-up의 방법적 해설

퍼머넌트 메이크업은 메이크업 방법 면에서 기존의 문신과는 큰 차이점을 보이는데 그 차이점은 다음과 같다.

구분	반영구 화장	영구 화장
지속기간	6개월 ~ 5년	영구적(교정 불가)
색상	다양하고 자연스러운 색상연출	검은색 또는 붉은색의 단일색소
사후관리	보강, 수정 가능	영구적, 수정 불가
알레르기	알레르기 반응 희박함	가능성 있음
감염	일회용 사용으로 안전	반복사용, 감염위험
착색 깊이	표피와 진피의 상부층	진피층
변색	안됨	산화되어 푸른 빛을 띠는 회색으로 변함
리터치의 필요성	필요함(30일 이후)	불필요함

Tip

반영구화장 시 색소가 완전히 빠지는 시간

- 눈썹 : 6개월 ~ 1년 6개월(리터치 포함)
- 아이라인, 입술 : 1년 6개월 ~ 5년
- 헤어라인 : 5개월 ~ 1년

Tip

지속기간과 유지기간의 의미

1. 지속기간 : 색소가 완전히 빠지기 시작하는 기간
2. 유지기간 : 색소가 빠지기 시작하는 시기
   (본인이 다시 리터치를 받아야 할 것 같다고 느끼는 기간)

위와 같이 퍼머넌트 메이크업과 기존의 문신과의 가장 큰 차이점은 피부의 표피층과 진피층 가장 상단부에만 색소를 착색시킴으로서 영구적인 것이 아니라 일정기간이라는 것이다.

퍼머넌트 메이크업은 나라에 따라 테크니션에 따라 색소가 피부의 진피층까지 들어가느냐 표피층까지 들어가느냐에 대한 의견이 분분하다. 색소가 피부의 어느 층까지 착색되느냐는 테크니션의 테크닉, 카트리지의 종류, 기계의 종류 등에 따라 큰 차이가 있으므로 명확하게 정의를 내릴 수는 없다.

그러나 많은 퍼머넌트 메이크업 아티스트들이 "색소가 진피의 상층까지만 착색하여야 한다"라고 인정하는 경우가 대부분이며 실제로 색소가 말 그대로 피부의 표피에만 착색이 될 경우 3개월 정도 밖에 유지되지 않는다고 말한다.

어찌되었든 퍼머넌트 메이크업이 문신과는 다르게 일정기간 동안만 지속된다는 사실은 가히 획기적인 발견이자 발전이며 이러한 방법적 차이로 문신과는 비교할 수 없는 자연스러움을 선사한다고 하겠다.

3_그렇다면 퍼머넌트 메이크업은 왜 지워지는 것일까?

기계 및 기타 도구를 이용하여 피부 속으로 착색된 색소는 피부의 진피층까지 깊숙이 들어갈 경우 외부로부터 들어온 물질을 흡수하고 파괴하는 능력을 지닌 혈세포에 의해 면역체계가 형성되는데 이러한 조직이 색소가 덮여있는 주변을 싸고 형성되기 시작하는 것이다.

이렇게 하여 색소를 둘러싼 조직에 의하여 색소는 밖으로 나올 수 없게 되어 지워지지 않게 되며, 때로는 진피층에 있는 혈액, 림프액 등 조직액을 타고 흐르게 되어 색소가 이동하여 번지는 현상과 같은 부작용을 낳기도 한다.

반면 색소가 표피층에만 머물 경우 표피층에는 면역체계가 작동하지 않게 되어 색소 주위를 흡수하고 감싸는 조직이 형성되지 않는다. 따라서 색소는 맑고 투명하게 보일 뿐만 아니라 번지는 현상도 없어 처음 메이크업을 하였을 때 그대로 유지되고 표피 기저층의 각질화 과정, 즉 신진대사에 의하여 자연스럽게 지워지게 되는 것이다.

이러한 퍼머넌트 메이크업을 방법적 차원에서 정의하자면 "피부 표피층과 진피층 사이, 즉 진피층의 가장 상단부에 색소를 착색하는 메이크업으로 표피층의 각질화 과정을 통하여 서서히 지워지는 영구가 아닌 일정기간 오래 지속되는 메이크업이다"라고 정의를 내릴 수 있겠다.

C·H·A·P·T·E·R

Medi Contour

02 Permanent Make-up의 역사

1 _ 문신의 역사

퍼머넌트 메이크업이 문신과는 큰 차이점을 보이나 문신의 큰 범주에 속하며 피부에 색소를 착색하는 행위라는 점에서 문신이 아니라고도 할 수 없으며 문신에서 비롯되어 발전되어 왔기 때문에 문신의 역사는 곧 Permanent Make-up의 역사라 할 수 있다.

Tattoo의 어원은 폴리네시아어인 'Tatua' 즉 'artistic'을 의미하는 말에서 유래된 말로서 Tattoo는 전세계적으로 거의 모든 인종에서 시행하고 있으며, BC 2000년경 이집트의 미라에서도 발견된 것으로 사용된 도구로는 그을음과 화약, 날카로운 돌 등 원시적인 도구들인데 이것은 'Tebori'라고 불리는 수공 방식으로 행하여졌다.

그러나 그 훨씬 이전부터 문신을 행하였을 것이라고 많은 사람들이 추측하고 있으며 인류가 사냥을 하고 농사를 짓는 부족 국가 때부터라고 말한다. 많은 부족국가, 씨족국가의 쟁탈전을 겪으며 같은 부족임을 표시하기 위해서나 계층의 표시를 위해서 훨씬 이전부터 문신 행위가 행해졌으며 그것이 발전하여 미를 표현하기 위해 문신을 행하였다고 본다.

이집트에서 파생된 문신은 중국으로 전해지고 다시 인도, 미국, 유럽, 한국, 일본 등 많은 나라로 전해지기에 이르는데 각 나라에서의 정확한 전달 시기를 역사적으로 검증하기는 힘들다. 그러나 이러한 문신이 얼굴에, 즉 눈썹, 아이라인, 입술 등에 행하여

지는 행위로 시작된 시기는 대략적으로 25 ~ 30년 전부터 행하여 졌을 것으로 예상한다.

중국의 경우 그것보다 훨씬 오래 전으로 예상되며 몸에 행하여지던 바디아트가 눈썹숱이 적어 눈매가 뚜렷하지 못한 사람들에게 적용되면서 영구화장 기술이 출발하였을 것이다.

중국에서는 대나무를 뾰족하게 깎아 잉크를 찍어 점을 찍는 점묘의 방법으로 메이크업을 하거나 대나무에 바늘을 교정시켜 잉크를 묻혀 메이크업 하는 등의 방법으로 발전하기 시작하였으며 지금의 수지침 기법이나 엠보 기법으로 발전하였을 가능성이 높다.

퍼머넌트 메이크업은 1980년부터 눈썹의 퍼머넌트 메이크업기술이 독일에서 처음 등장한 후 거의 전 세계의 미용분야로 확장하였고 1984년에는 안과 분야의 신기술로 정식 소개되기에 이르렀다.

그 이후 퍼머넌트 메이크업은 본격적으로 알려지며 기술 개발 및 제품개발이 뒤따르게 되었다. 과거 20년 이상 퍼머넌트 메이크업미용분야는 확장되고 다른 의료 전문의와 피부관리사 등을 포용하게 되었다.

지금은 메디 컨투어 Make-up으로 알려져 발전하였고 전 세계 코스메틱에 있어 최근의 혁신이 되었다. 메디 컨투어 Make-up의 예술분야에서 프로로의 활동은 아날로그 방식이 아닌 디지털기기를 이용한 전문인으로써 미용인, 문신 예술가 또한 의료인 등을 포함한다.

그러나 미국 및 유럽 등지에서 활발한 발전을 이루었음에도 불구하고 한국에서는 불법의료 행위라는 구속아래 제품 개발 및 기술 개발이 뒤따르지 못했다. 이렇게 음지에서 행하여지던 퍼머넌트 메이크업은 약 14년 전부터 국내에 본격적으로 소개되면서 많은 사람들에게 알려져 지금에 이르렀으며, 전문적인 기술을 배우기 위하여 퍼머넌트 메이크업의 선진국인 독일 및 유럽국가와 미국 등 유학을 다녀오는 전문인들이 늘어나고 있고, 현재에 이르러서는 테크닉적인 측면에서 볼 때 가장 우수한 능력을 자랑하고 있는 나라가 바로 한국이다.

이제는 국내에서 개발 생산된 디지털의료기기가 오히려 유럽각지에 수출이 되고 있으며, 디지털 방식이 적용되어 안전하면서도 자연스러운 메이크업을 표현할 수 있는 퍼머넌트 메이크업계의 선진국으로 앞서가고 있다. 하지만 아직도 디지털이 아닌 아날로그 방식을 사용하는 전문가들이 국내에 90%를 차지하고 있어서 디지털 전문가 양성에 더욱 박차를 가하여야 할 것이다.

03 메디 컨투어 Make-up이란?

1 _ 메디 컨투어 Make-up의 정의

최첨단 디지털기기를 이용하여 피부의 손상을 최소화시키고 안전한 색소를 사용하여, 일정기간 동안 지속시키는 신개념 Make-up이다.

또한 원래 본인의 눈썹과 입술인 것처럼 자연스러운 표현이 가능하다.

따라서 메디 컨투어 Make-up은 건강과 아름다움을 동시에 충족시켜 준다.

2 _ 메디 컨투어 Make-up의 변화과정

문신 (Tattoo)	· 영구화장, 문신시대 · 부족, 종족표지, 과시
퍼머넌트 메이크업 (Permanent Make up)	· 반영구화장, 아날로그 시대 · 미용
메디 컨투어	· 일정기간 지속되는 화장, 디지털 시대 · 미용과 건강을 생각하는 메이크업

메디 컨투어 Make-up은 표피의 하부까지만 색소를 침투시키므로 신진대사를 거듭하면서 3~5년 정도 지나면 자연스럽게 없어진다.

• 메디 컨투어 Make-up은 크게 두 가지 적용 범위로 나눌 수 있다.

① 뷰티분야(메이크업 기법) : 아이라인, 헤어라인 커버, 눈썹, 언더라인, 아이섀도우, 립라인, 전체 입술컬러

② 의료분야(메디컬 기법) : 질병이나 수술 등으로 인한 상처, 화상으로 인한 미관손상, 백반증, 유두·유륜, 구순구개열 등 컴플렉스를 커버하기 위한 색소 침착

C·H·A·P·T·E·R

Medi Contour

04 메디 컨투어 Make-up의 차별화

1 _ 메디 컨투어 Make-up과 문신의 차이점

먼저 메디 컨투어 Make-up과 Tattoo는 동질성은 있으나 분석을 하면 큰 차이가 있음을 알 수 있다. 메디 컨투어 Make-up은 피부과학에 입각하여 연구 발전되었다.

피부의 단층을 살펴보면 표피층, 진피층, 피하조직으로 구분할 수 있는데 메디 컨투어 Make-up은 표피층에서 메이크업이 이루어진다.

표피층의 피부세포가 신진대사를 거듭하면서 세포의 탈락화로 서서히 자연스럽게 색이 빠진다는 점에서 진피층 깊은 곳에 시술하는 문신과 전혀 다른 개념의 화장 기술이라 볼 수 있다.

① 문신은 침 하나로 수용성 색소를 피부심층에 찍어 넣어 영구적이며 그 결점은 어색하고 사실감이 없으며 지우기가 매우 어렵다.
그러나 메디 컨투어 Make-up은 보통 1 ~ 3년 이내에 자연적으로 지워지므로 손쉽게 시대의 변화에 따라 수정·보완할 수 있다.

② 문신은 특수한 방법으로 피하 근육층까지 색소를 침투시키기 때문에 이미지가 매우 강하고 자연스럽지 못하다. 메디 컨투어 Make-up은 식물성 색소를 피부 표피층에서 메이크업을 표현하므로 입체적인 선과 깊고 옅은 것이 변할 수 있는 면을

형성하여 더욱 입체감이 있고 자연스럽고 사실적이다.

③ 문신은 몸 전체에 표현하지만 메디 컨투어 Make-up은 얼굴부분, 즉 눈썹, 아이라인, 입술을 중심으로 표현되며, 문신은 상징적, 심미적인 디자인을 추구하지만 메디 컨투어 Make-up은 미적아름다움과 훼손된 부분이나 미약한 부분의 커버를 목적으로 한다.

④ 문신은 자연스러움 보다는 독창적, 주관적인 미를 창조하지만 메디 컨투어 Make-up은 자연스러운 미의 추구 및 보존을 목적으로 한다.

⑤ 문신은 표피 밑 1 ~ 2mm 정도까지 색소를 침투시키지만 메디 컨투어 Make-up은 0.08mm ~ 0.25mm 이내에만 가볍게 침착시키는 것이다.

⑥ 문신은 1 ~ 2mm 굵기의 바늘을 반복 사용하지만 메디 컨투어 Make-up은 0.25mm 굵기의 일회용 카트리지를 사용한다. 일회용을 사용하므로 감염 가능성 또한 없다.

⑦ 문신은 알레르기 유발가능성이 있으나 메디 컨투어 Make-up은 천연색소로 알레르기 유발가능성이 없다.(더마테스트를 통과한 인증제품만 사용)

⑧ 메디 컨투어 Make-up은 디지털 기기를 사용한다.
- 디지털머신 : 의료기 체내표시기
- 카트리지 : 멸균 포장된 1회용 안전 카트리지
- 천연색소 : 무알레르기, 무독성 테스트를 통과한 안전한 천연색소 사용(더마테스트)
- 기법 : 3S 기법과 원 터치 방식의 자연스런 기법
- 착색부위 : 표피층에만 색소 착색(2 ~ 3년 후 자연탈색)
- 상처 : 상처가 거의 나지 않으며 통증이 적다.
- 붓기 : 상처가 적기 때문에 붓기 또한 미세하다.
- 색소유지 : 평균 2 ~ 3년 정도 지속되는 화장의 개념
- 메이크업 직후 : 상처가 거의 없어서 일상생활에 지장이 없다.
- 메이크업 1주 전후 : 30 ~ 70% 정도 탈색이 이루어져 자연스럽다.(메이크업 부위에 따라)
- 메이크업 1주일 후 : 본인의 눈썹, 아이라인, 입술처럼 자연스럽다.
- 메이크업 전 드로잉 : 고객이 원하는 디자인 연출

05 손의 기술적인 매개변수

• 3S의 원리

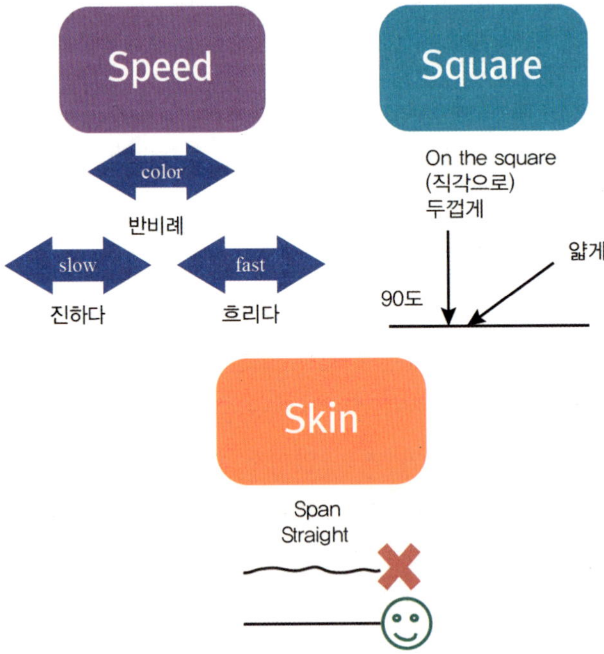

• 힘의 강약에 따른 변화

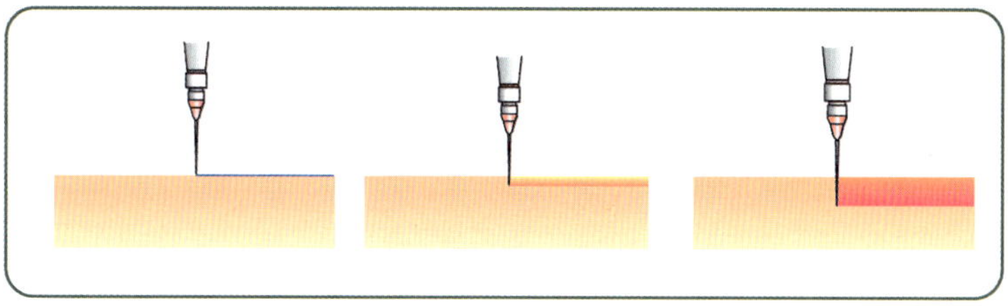

• 속도와 테크닉에 따른 변화

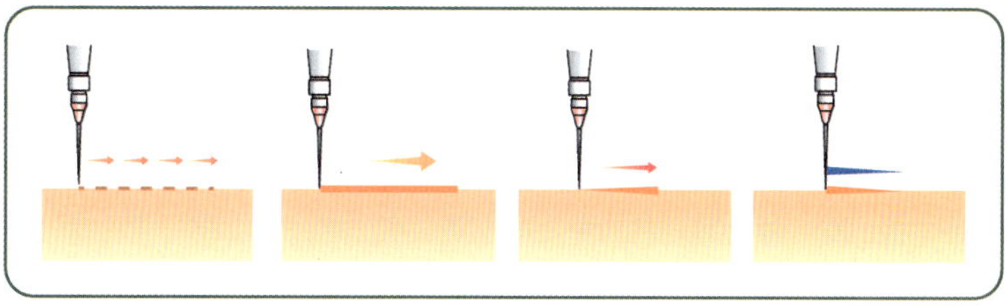

C·H·A·P·T·E·R

Medi Contour

06 장치의 기술적인 매개변수

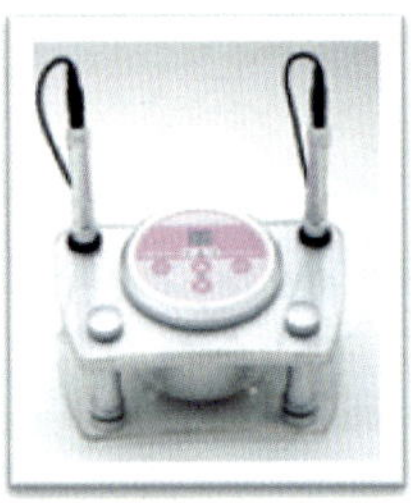
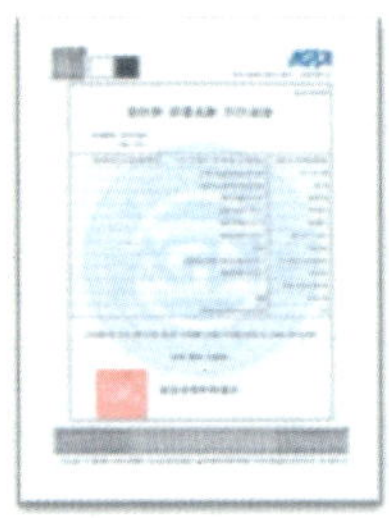
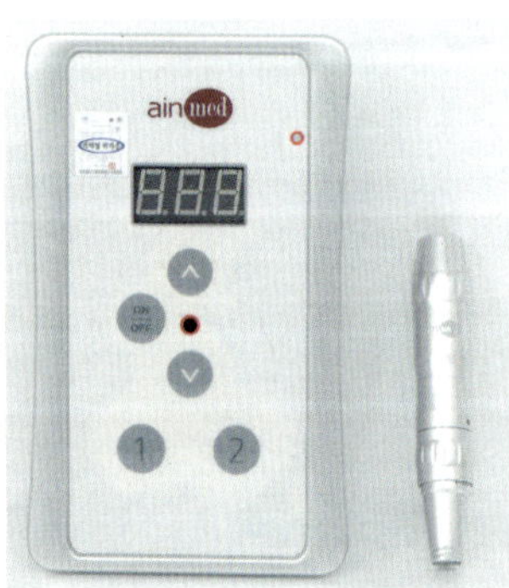
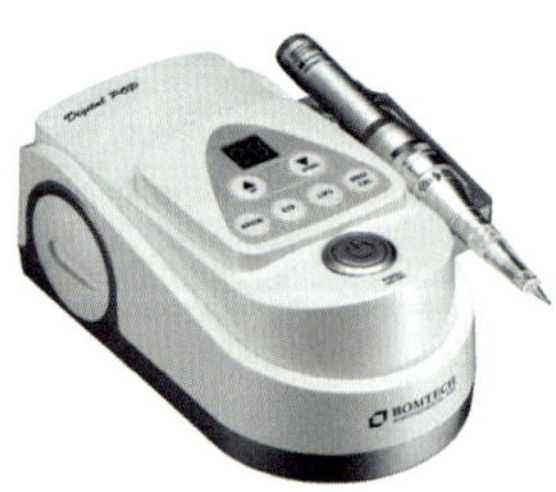
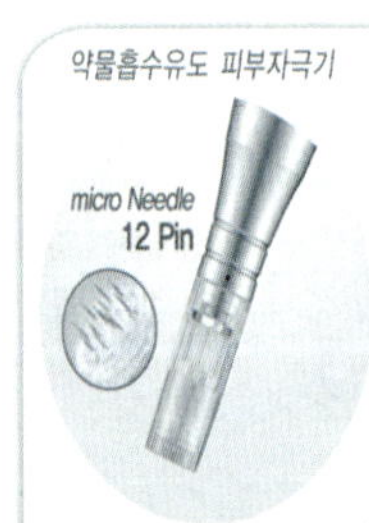

- 디지털머신

① 허가된 디지털기기 선택

② 기기인증서 확인

③ 향후 A/S여부 확인

④ 피부타입에 따른 RPM(진동수) 확인

⑤ 카트리지 장치 확인

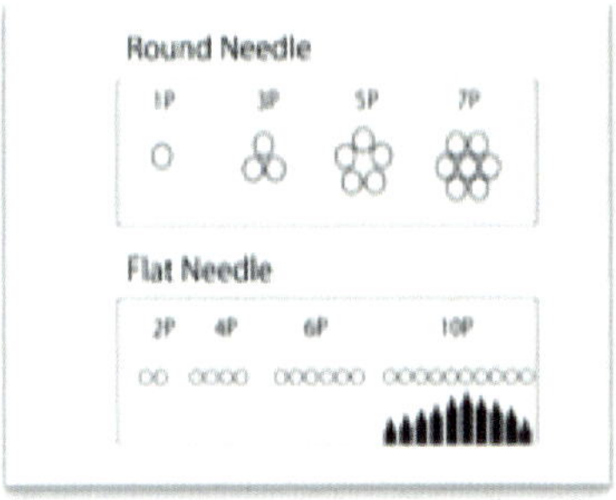

• Round Type Needle

1, 3, 5, 7point

• Flat Type Needle

2, 4, 6, 10point

• 색소 및 혈액 역류 안전장치

• 메이크업 스타일에 따른 다양한 카트리지 선택

• 무해한 색소 선택

① 각종 인증서 확인

② 자연스러운 색상 선택

07 메디 컨투어 make-up의 장점

1 _ 일상생활의 편리함

메디 컨투어 Make-up은 주로 숱이 적은 눈썹이나, 상처 난 눈썹, 입술의 색상이 하얗거나 립스틱 등의 잘못된 사용으로 색소가 침착되었을 경우, 쌍꺼풀 수술로 인한 눈꺼풀의 들림 등 외양이 빈약한 사람들과 관절염 환자, 손재주가 부족하여 메이크업에 소질이 없는 사람 등에게 편리함을 안겨준다.

또한 운동을 즐기는 여성에게는 경기를 하거나 연습할 때, 레저를 즐길 때 아름다운 민 낯을 지닐 수 있도록 해 주며, 화장품 알레르기, 눈물이 많은 분, 메이크업을 훼손시키는 지성피부, 콘텍트 렌즈에 문제가 있는 사람에게도 메디 컨투어 Make-up의 장점은 다양하다.

① 매일 메이크업을 해야 하는 번거로움
② 짝짝이눈썹이라 매번 그리기 힘든 경우
③ 식사 후에 수시로 화장을 고쳐야 하는 경우
④ 땀을 많이 흘리거나 화장이 잘 번지는 경우
⑤ 신체가 불편하여 메이크업이 힘든 경우
⑥ 예식을 앞둔 신랑, 신부
⑦ 화장품에 알레르기가 있는 경우

⑧ 스포츠를 즐기는 일반인 및 운동선수

⑨ 특정 직업에 종사하는 경우

2_시간 및 경제적인 절약

① 출근시간 메이크업 시간을 줄여준다.

② 화장을 하는데 필요한 소모품 비용을 줄여준다.

3_자신감 회복

① 메이크업에 소질이 없는 분

② 젊고 정돈된 이미지를 표현하고 싶은 부

③ 민낯에 자신감을 갖고 싶은 분

④ 더욱 시원하고 큰 눈매를 원하는 분

⑤ 처진 눈을 또렷이 하고 싶은 분

⑥ 자신의 컴플렉스를 커버하고 싶은 분

4_일정기간 지속되는 화장

여러 번 거듭되어 말했듯이 메디 컨투어 Make-up의 가장 큰 장점은 일정기간 지속되는 점이라는 사실이다. 사람이 일생을 살면서 여러 번 얼굴의 형태는 변화하게 된다. 생활습관, 피부의 탄력저하, 성형수술 등 많은 요인으로 인하여 얼굴의 형태는 변화하게 되는데 영구적으로 Make-up 하였을 경우 아무리 눈썹의 양쪽 대칭을 맞추었다 하더라도 시간이 지나면서, 세월이 흐르면서 눈썹은 짝짝이가 될 확률이 커지는 것이다. 또한 급변하는 유행의 변화는 Make-up의 변화를 가져오는데, 일정기간 지속되는 메디 컨투어 Make-up의 매력은 원하는 경우 쉽게 디자인을 바꾸어 그릴 수 있다는 장점을 선사한다.

5 _ 자연스러움

메디 컨투어 Make-up은 자연스럽다. 피부색에 잘 어울릴 수 있는 다양한 컬러의 개발로 각자 개인이 가지고 있는 머리카락색, 피부색, 눈동자색에 잘 어울릴 수 있는 컬러를 찾을 수 있게 하였고 피부 진피층까지 깊이 착색이 되지 않기 때문에 본인이 말하지 않는 이상 아무도 Make-up을 받았는지 알 수 없을 정도로 자연스러운 결과를 안겨준다.

6 _ 통증이 거의 없다.

기존의 문신이나 아날로그 방식의 Permanent Make-up은 제대로 된 제품 사용이 뒤따라 주지를 못하여 많은 고통을 수반하였다. 그러나 이제 메디 컨투어 Make-up 제품은 상상할 수 없을 정도로 다양하게 개발되어 Make-up을 받는 사람으로 하여금 고통과 두려움을 줄일 수 있게 하고 안전하게 Make-up을 받을 수 있게 하였다.

통증 안정제의 종류 및 사용 방법 등은 실기편에 다시 이야기 할 것이다.

7 _ 수정이 가능하다

메디 컨투어 Make-up은 과학적인 Make-up이다. 여러 가지 색소의 배합 및 보색의 사용, 컬러진단 등을 통하여 컬러의 변색을 사전에 방지하고 혹 컬러가 변색되었다 하더라도 쉽게 수정할 수 있게 되었다.

08 메디 컨투어 Make-up 적용범위

1_Beauty Make-up

- 눈썹
- 아이라인
- 입술
- 헤어라인

2_Medical Make-up

- 유두·유륜 수술 후 디자인 복원
- 구순 구개열 수술 후 커버
- 백반증세의 색상 커버
- 빈모증세의 색상 커버
- 화상흉터의 색상 커버

C·H·A·P·T·E·R

Medi Contour

09 윤리강령

메디 컨투어 Make-up 아티스트는 자신의 본분에 맞게 고객 삶의 질적 향상에 일익을 담당하는 전문인으로서 직무윤리 확립과 권익 보호를 위해 다음의 윤리강령을 다짐한다.

첫째, 메디 컨투어 Make-up 아티스트는 지속적인 연구와 습득을 통하여 업무의 질적 향상 발전을 위해 노력한다.

둘째, 메디 컨투어 Make-up 아티스트는 위생보건 교육의 의무를 철저히 이행함으로써 국민의 건강한 아름다움을 돕는데 힘쓴다.

셋째, 메디 컨투어 Make-up 아티스트는 전문인으로서 품위와 사회적 신뢰를 손상시키는 행위를 하지 않는다.

넷째, 메디 컨투어 Make-up 아티스트는 사회적 지위와 권익향상을 위해 서로 협력하며 전문성 확립을 위한 조직적 활동에 적극적으로 참여한다.

다섯째, 메디 컨투어 Make-up 아티스트는 고객의 가치관이나 관습을 존중하며 개인의 사적인 정보를 누설하지 않는다.

여섯째, 메디 컨투어 Make-up 아티스트는 미용인으로서 허용되지 않는 고객은 거부할 권리가 있으며 관련 직종 종사자들의 고유 업무를 존중하고 협력한다.

일곱째, 메디 컨투어 Make-up 아티스트는 사회적, 경제적으로 공정한 권익을 보장받을 권리가 있으며 비인도적 무질서에 적극적으로 대처한다.

메디 컨투어 Make-up 아티스트의 자부심과 긍지를 갖고 보다 책임감 있고 적극적인 태도로 윤리강령의 사항들을 준수할 것을 다짐한다.

MEDI CONTOUR

Theory

02

피부학 개론

C·H·A·P·T·E·R

Medi Contour

01 피부의 구조와 기능

1 _ 피부의 구조

피부는 여러 층과 구조로 이루어져 있으며, 각 층마다 반응하는 정도와 최종결과에 미치는 영향이 다르다.

Make-up을 진행하는 동안 피부가 반응하는 방법과 각 피부상황에 따른 특성을 분석할 수 있는 능력을 키워야 한다.

또한 Make-up을 금해야 하는 징후나 증상을 고려하여 각별히 주의하여야 하는데 목적이 있다.

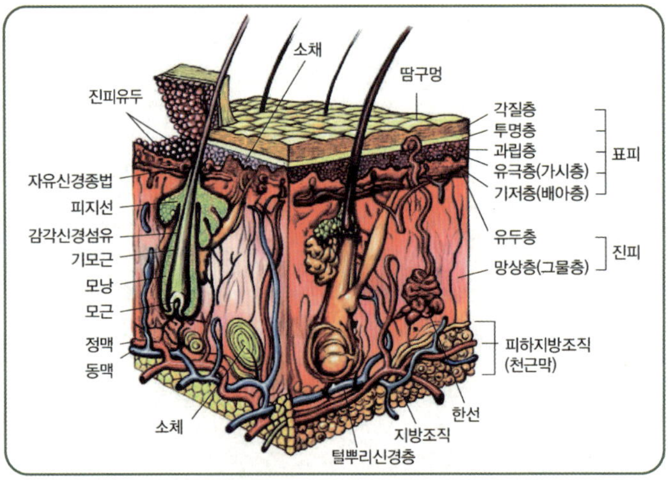

◀ 피부 레이어

① 피부는 약산성이고 0.5mm ~ 2mm 깊이로 색소가 침투되는 것을 일정기간 지속되는 화장, 즉 메디 컨투어 Make-up이라고 한다.

② 일정기간 지속되는 화장은 진피의 상층까지 Pigmentation이 되고, 영구 문신은 진피층까지 Pigmentation이 되는 것이다.

③ 피부의 두께

- Eye lid : 0.5 ~ 0.75mm
- Eye brow : 1.2 ~ 2mm(Eye lid의 두세 배)

④ 입술표면의 해부학적 구조는 Skin과 Mucous membrane(점막)의 혼합이다.

⑤ 피부색은 Pink, Brown, Yellow, Blue Purple, White 등의 조합이다.

⑥ 피부색은 세 가지 색소로 결정된다.

- Melanin(brown)
- Carotene(yellow)
- Hemoglobin(red)

(1) 표피

표피는 색소 착색을 위하여 Make-up 도중 관통되는 피부의 가장 외부에 있는 층이다. 이층은 신진대사에 의하여 치유와 재생 과정 후에 사라지는 과정을 반복하면서 각질이 벗겨져 나갈 때까지 착색된 색소가 일정기간 남아 있는 층이다.

① 피부의 제일 바깥 층이다.

② 외기로부터 모든 자극이나 상해에 대해서 내부를 보호한다.

③ 겉면으로부터 각질, 투명, 과립, 유극, 기저층으로 이루어져 있다.

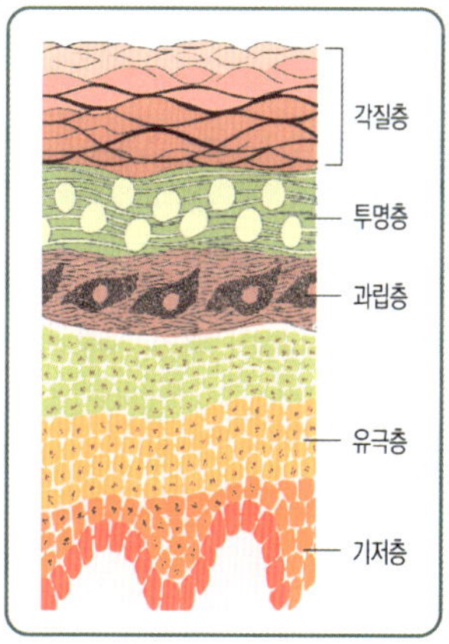

▲ 표피 레이어

• 각질층

- 무색, 무핵의 평평한 회백색 조직의 모임이다.
- 외기의 자극으로부터 피부를 보호한다.
- 비듬, 때가 되어 밖으로 떨어져 나간다.

• 투명층

- 각질화 되기 전의 세포들이 서로 밀착하여 투명한 층을 이루고 있다.
- 주로 손과 발바닥에 분포되어 있다.

• 과립층

- 방추형(역삼각형)으로 되어 있다.
- 각화효소가 함유되어 각화가 시작된다.
- 수분 저지막이 이루어져 있다.

• 유극층

- 표피의 대부분을 차지한다.
- 세포에 가시가 돋친 모양을 하고 있다.
- 진피의 림프액이 흘러 표피의 영양을 담당한다.
- 표피세포의 탄력을 관장한다.

• 기저층

- 표피의 최하부에 위치한다.
- 표피 발생의 근원지이다.
- 멜라닌 색소를 형성한다.
- 세포 분열이 이루어진다.

• 각화현상

표피 세포, 즉 각질형성 세포는 기저층에서 생성되어 유사분열에 의해 위쪽으로 상승함에 따라 각질화 된다. 각질층에 이르는 세포는 자연적으로 때, 비듬으로 떨어져 나가게 되는데 이런 현상을 각화현상이라고 한다.

• 피부재생 주기

기저층에서 각질 세포까지 올라가는 기간이 약 14일 정도, 각질층에서 머무는 기간이 약 14일 정도로 사람에 따라 28±3 주기 정도가 된다.

- 어린이는 5~6일이 걸리고 노인들은 50~60일까지도 걸린다.

• 랑게르한스 세포

피부 면역반응에 중요한 구실을 하며, 유해물질 침투 시 제거하며 자극성 성분이 피부에 닿으면 알레르기 반응에도 관여한다.

• 백혈구

혈액 속의 혈구세포 중 하나로서 인간의 혈액에서는 수백만 개의 백혈구가 존재하며, 혈액과 조직에서 이물질을 잡아먹거나 항체를 형성함으로써 감염에 저항하여 신체를 보호한다.

• 적혈구

혈액의 주요 성분 중의 하나로 산소운반을 위하여 특화된 혈구로 혈액세포 중 가장 수가 많다.

• 혈소판

혈액의 유형성분인 혈구의 하나로 혈액의 응고나 지혈작용에 관여한다.
혈관이 손상되어 피부나 점막 등에 출혈이 생겼을 경우 가장 먼저 활성화 된다.

• 대식세포

동물 체내 모든 조직에 분포하여 면역을 담당하는 세포이다. 침입한 세균 등을 잡아서 소화하여, 그에 대항하는 면역정보를 림프구에 전달한다.

• 히스타민

아미노산의 일종인 히시티딘이 히스티딘 탈탄산효소의 작용으로 인해 생성되는 물질이다. 주로 비만세포(mast cell)에 저장되어 있다가 상처, 세균감염 등으로 인해 세포가 손상을 입으면 방출된다. 이렇게 방출된 히스타민은 혈관을 확장시키고 혈관의 투과성을 증가시켜 백혈구와 여러 혈장 단백질들이 세균이 침입한 부위로 빨리 이동할 수 있도록 하여 면역기능에 아주 중요한 역할을 담당한다. 혈관확장으로 인한 혈류량 증가도 유발한다.

[Ex] ① 모기에 물렸을 때 그 부위가 붓고 가려운 증상
② 벌에 쏘여서 열이 발생하고 가려운 증상
③ 알레르기 반응(비염, 아토피 등)

Tip

진물이 나는 이유

진물은 죽은 세균과 백혈구의 덩어리이다. 세균이 상처부위를 침입할 때 백혈구와 혈청이 세균과 싸워 제거하고 그 결과 남은 죽은 사체들이다.
진물은 상처가 낫기 위해 거쳐가는 자연스러운 현상이다.

(2) 진피

진피는 표피 밑의 피부층으로 표피와 진피, 두 층이 결합되는 지점까지 색소가 침착되는 곳이다. 메디 컨투어 Make-up 진행 시 진피 깊숙한 곳까지 침범하게 되면 진피 내 부속기관들의 파손으로 인한 상처 및 침착된 색소의 변질과 그 외 부작용이 생길 수 있다.

- 표피 밑에 있는 두꺼운 층으로 피부의 강도와 경도를 좌우한다.
- 유두층과 망상층 그리고 유두하층으로 되어 있는데 여러 가지 섬유가 교차되어 있으므로 그 경계가 뚜렷하지 않다. 그 중 대부분을 차지하고 있는 콜라겐이라는 단백질에서 만들어진 교원섬유(아교질 성분)이고 그 사이에 엘라스틴에서 만들어진 탄성 섬유(탄력섬유)가 그물 모양으로 짜여 있다.
- 교원섬유는 기계적 외력이나 화학적 자극에 강한 저항력을 갖고 있으므로 각질층과 함께 외기의 영향으로부터 신체를 보호한다.
- 탄성섬유는 피부의 탄력을 주는 섬유로 노년기에 감소한다.
- 콜라겐이 느슨해지면 잔주름이 생기고 파괴되면 깊은 골주름이 생긴다.
- 모세혈관이 있기 때문에 피부의 혈색을 표현한다.

• 유두층

- 표피의 영양분과 체온조절 작용을 한다.
- 눈 부분의 혈액량을 조절한다.
- 모세혈관과 임파선이 있어 표피와 진피를 보호한다.

• 망상층

- 섬유성 단백질이 존재한다.
- 교원섬유와 탄력섬유로 되어 있으며 피부의 강도를 갖게 해준다.
- 피지선, 땀샘, 한선, 혈관, 모낭, 림프관, 신경 등이 있다.
- 탄력과 팽창이 큰 층으로 임산부와 비만인 사람이 피부가 늘어나도 지탱할 수 있게 해준다.
- 신진대사가 이루어지지 않고 변화가 없는 곳이다.

(3) 피하조직

진피와 골격 사이에 있는 부분으로 지방을 다량 함유하고 있어 지방조직이라고 한다. 피하조직의 두께는 부위에 따라 다르며 성별, 연령에 따라서도 차이를 보인다. 피하조직은 호르몬과 관계가 깊어 여성의 신체선에 부드러움을 주며 진피와 뚜렷한 경계가 없다.

2 _ 피부의 기능

- 보호기능

표피의 기본기능 외에 물리적, 화학적 또는 열에 대한 방어는 물론 감염과 미생물의 공격으로부터 신체를 보호한다.

- 분비기능

피지선이 피지는 피부의 보습과 얇은 보호막을 형성하여 매끄럽게 해준다

- 배설기능

땀샘을 통하여 나트륨과 질소 노폐물 및 독물의 배설을 땀으로 배설하며, 신장의 기능을 보충한다.

- 감각기능

진피 내에 존재하는 신경에 의하여 뜨겁고, 차갑고, 압력과 고통을 느낀다.

- 온도조절기능

땀샘 주위에서 혈액과 땀이 피부의 온도를 정상적으로 유지하기 위해 조절한다.

- 신진대사기능

표피의 과립층에서 비타민 D를 생성하고, 표피 전반적으로 각화현상이 일어나는데, 점차 나이가 들면서 피부 노화가 찾아온다.

C·H·A·P·T·E·R

Medi Contour

02 메디 컨투어 Make-up에 의한 상처와 재생

메디 컨투어 Make-up 도중 피부는 약간이지만 손상될 수 있다. 상처를 남기는 과정은 부상의 깊이에 달려 있다. 그것은 단지 표피에서만 손상되는지 표피, 진피 둘 다 손상 되는지에 따라 상처의 차이가 다르게 나타난다. 하지만 피부는 자동 재생능력이 뛰어나다.

상처가 표피에만 영향을 미친 경우, 하루나 이틀 정도면 금방 재생이 되지만 상처가 3~5일 정도 진행이 되면 진피까지 영향을 미친 경우이다.

메디 컨투어 Make-up의 성공 여부는 상처 회복의 진전에 달려있다!

1_상처형성

피부염과 상처가 감지되면, 대식세포가 출연하여 흡착을 통해 제거하기 시작하며, 림프액과 혈액이 결합하여 염증 부위를 서서히 덮게 된다. 이런 경우 통증이 수반되는데, 부상이 감지되어 대식세포가 효과적으로 행동하는 곳이 진피 깊숙한 곳이다.

혈류량은 부상이 일어날 때마다 증가한다. 이것은 특정 화학적 반응으로 풀어놓는 방어적인 단계로 다음과 같은 징후들이 나타난다.

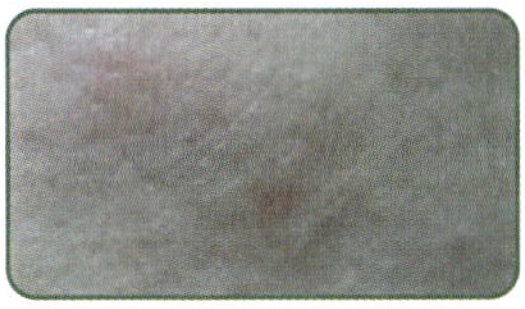

- 피부가 빨갛게 변한다.
- 피부가 부풀어 오른다.
- 열이 나며 통증이 수반된다.

메디 컨투어 Make-up을 시행하는 동안 수반되는 통증은 카트리지의 깊이 및 피부에 머무는 시간의 길이에 따라 달라진다. 깊은 침투는 큰 상처를 내고 고통을 준다.

2_재생

위에서 설명한 바와 같이 피부의 방어 과정은 상처가 발생한 후 치료 기간 내내 계속된다. 이것은 정확한 절차에 의해 이루어지지만 상처의 깊이에 따라 약간의 시간이 지속 될 수 있다.

상처의 재생기간은 메이크업 후 약 30일 안에 끝난다.

이때는 색소가 완전히 착색될 때이며, 우수한 품질의 색소, 기기 및 카트리지를 이용한 메디 컨투어 Make-up의 기술은 염증을 최소한 감소시켜주고 치유와 재생을 향상 시켜 준다.

03 피부 질환

• • •

메디 컨투어 Make-up 진행 시 고객의 피부질환을 진단하거나 임의대로 치료를 위한 행동을 해서는 안되며, 전문 의료인의 의뢰를 받도록 통보하여야 한다. 따라서 피부질환에 대한 식별능력이 요구되며, 고객의 안전이 우선시 되어야 하므로 최우선적 절차로서 전문 의료인의 상담을 적극 권장하여야 한다. 일단 고객이 전문 의료인에 의해 치료되고 완치되면 일정 기간이 경과한 후에 메이크업을 진행할 수 있다.

일련의 증후는 피부질환의 종류가 어떠한 것인지를 나타낸다.

- 붓기와 같이 느껴지는 증상
- 붉게 달아 오르거나 발발과 같은 증상

• 부종

조직 내에 림프액이나 조직의 삼출물 등의 액체가 고여 과잉 존재하는 상태로서 임상적으로 부풀어 오르고, 푸석푸석한 느낌을 갖게 되며, 누르면 피부가 일시적으로 움푹 들어간다.

• 홍반

내적, 외적 자극에 의해서 피부가 붉게 변하거나, 혈관의 확장으로 피가 많이 고이는 현상이다. 보통 홍반 부분을 누르면 일시적으로 붉게 보이는 증상이 없어지고 손을 떼면 다시 붉은색으로 돌아온다.

• 반상출혈

피하 또는 점막 및 장막 밑에 일어나는 작은 반상의 출혈을 말한다.

• 점상출혈

피부나 점막 또는 장막 등에서 육안적으로 점상으로 보이는 작은 출혈을 말함 (1 ~ 2mm 직경의 출혈)

• 자반병

피부나 점막의 출혈로 인해 발생하는 피부 홍반 또는 자색반을 말하며, 혈관 밖으로 적혈구가 유출되어 발생하므로 해당 부위를 눌렀을 때 홍반이 사라지지 않는 특징이 있다.

• 피지선 장애

일반적으로 피지선, 땀샘의 장애는 Make-up 절차를 위한 금기 사항은 아니다. 단, 전염되는 피지선 개악(기형)이나, 피지선 낭종 또는 헌 경우에는 예외이다. 이러한 상태가 치료되고 사라질 때까지 Make-up을 보류하여야 한다.

[Ex] 블랙헤드, 땀띠, 여드름, 만성 피지선 염증, 피지선 낭종, 헌데 및 피지분비 이상 증상

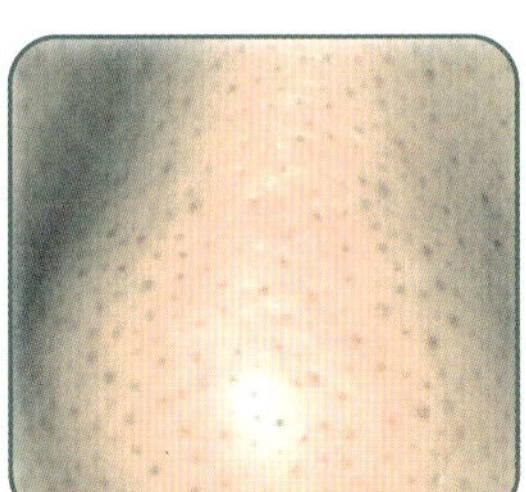

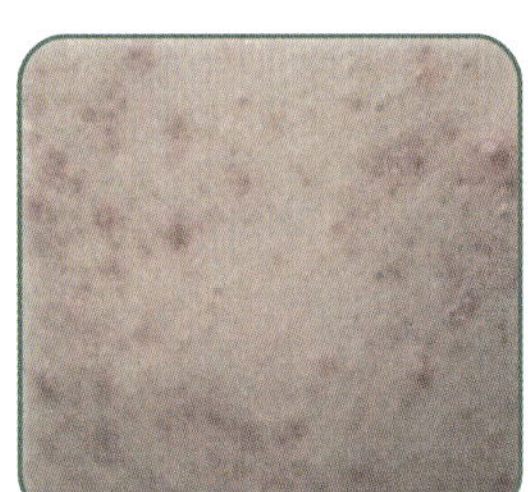

• 염증성 질환

염증성 질환의 피부는 Make-up 절차에 영향을 미친다. 만약 이러한 장애가 있다면 피부과 의사나, 관련 전문의의 조언이나 인증이 필요하다.

[Ex] 피부염, 건선, 단순 헤르페스, 접촉성 피부염, 습진, 두드러기, 혈종

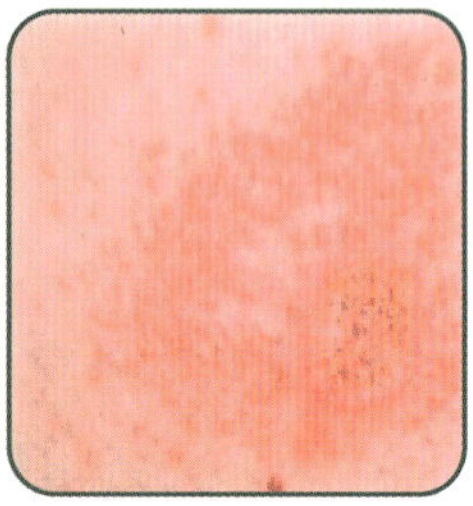
▲ 피부염

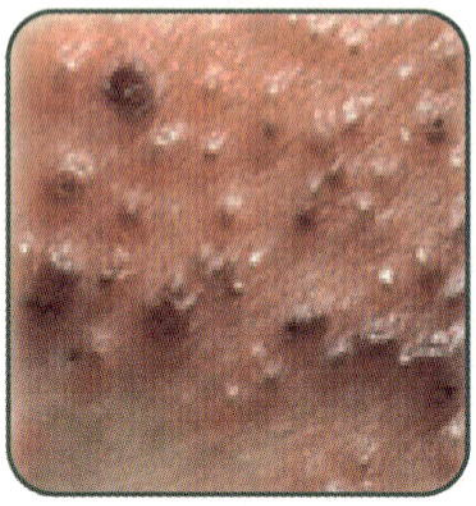
▲ 단순 헤르페스

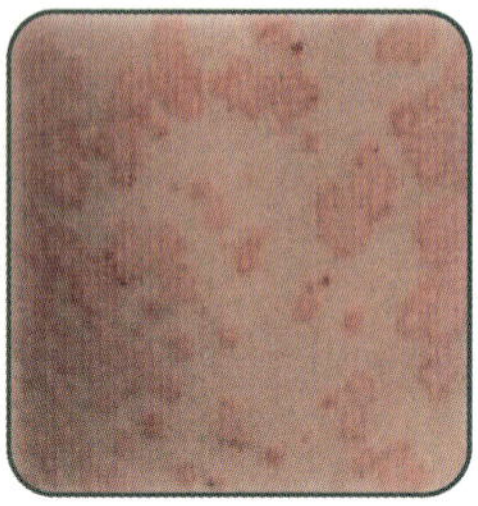
▲ 건선

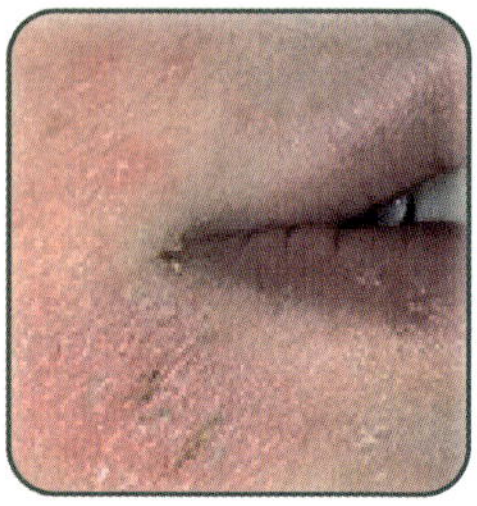
▲ 습진

• 헤르페스

단순 헤르페스 바이러스는 단순포진 바이러스라고도 하며, 1형 단순포진 바이러스와 2형 단순포진 바이러스의 두 종류가 있다. 단순포진 바이러스에 감염되면 피부 점막에 생기는 물집과 같은 가벼운 증상에서부터 뇌염과 같은 중증의 결과까지 다양한 증상이 나타난다. 한번 감염되면 평생동안 사람의 몸 속에 존재하는데 평소에는 잠복상태로 있다. 면역력이 떨어졌거나 자극에 의해 바이러스가 다시 활성화되면 증상이 재발할 수 있다.

3_ 비정상적인 색소착색

비정상적인 색소가 착색이 된 피부인 경우에 피부과전문의 상담이 필요하며, 경우에 따라서 특정한 상황이 포함될 수 있다.

검증되지 않은 유해한 색소를 사용함으로써 착색이 된 피부의 경우에는 피부암이 의심 될 수 있으니 각별히 주의하여야 한다.

하이포(Hypo) 착색은 주위 피부와 비교하였을 때 피부 색상의 손실이고, 하이퍼(Hyper) 착색은 주위 피부와 비교하였을 때 피부 색상의 과잉이다. 또한 과다한 햇빛 노출(썬탠)은 Make-up에 중요한 영향을 미치므로 반드시 주의하여야 한다.

• 피부의 일부 비정상적인 착색으로 인한 예

주근깨, 결점, 기미, 반점, 백반증, 백색증, 굳은살, 티눈, 사마귀
부러지는 모세혈관(멍)

• 피부의 일부 비정상적인 착색일 경우 Make-up 주의사항

정상 피부색과 그렇지 않은 부분을 고려하여 색소선택 및 방법을 결정해야 하며, 색소 착색 후 눈에 보이는 결과에 대하여 충분히 설명하여야 한다.

4_병적 조건

아래와 같은 병적 조건이 모두 사라질 때까지 Make-up을 할 수 없다.
단, 병적 조건이 사라졌거나 존재하지 않는다는 의료인의 서면 동의가 부여되어야 한다.

• 괴저

몸의 일정한 부위가 손상되거나 기와 혈액 순환이 장애되어 괴사되는 것

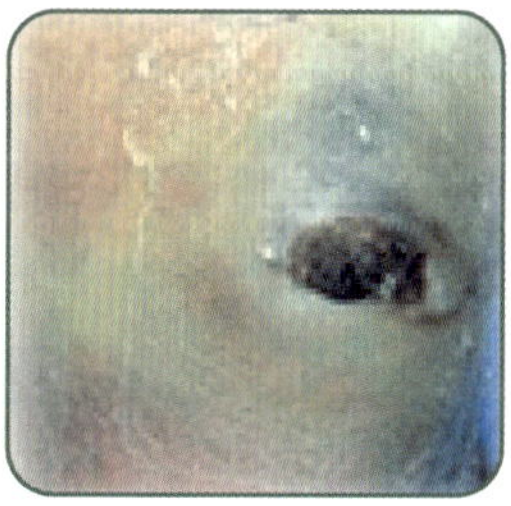

• 천포창

피부와 점막에 수포를 형성하는 만성적인 물집 질환

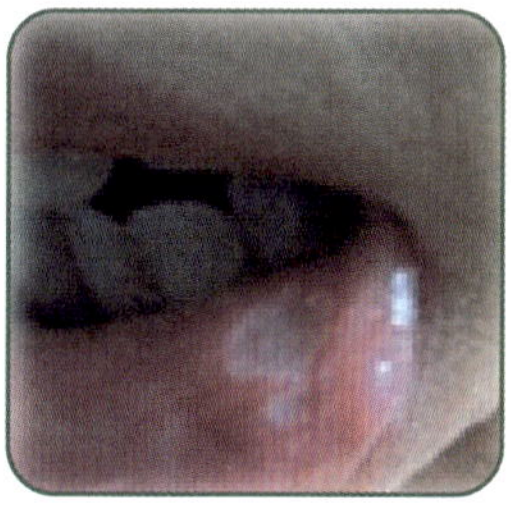

• 농가진

주로 여름철에 소아나 영유아의 피부에 잘 발생하는 얕은 화농성 감염

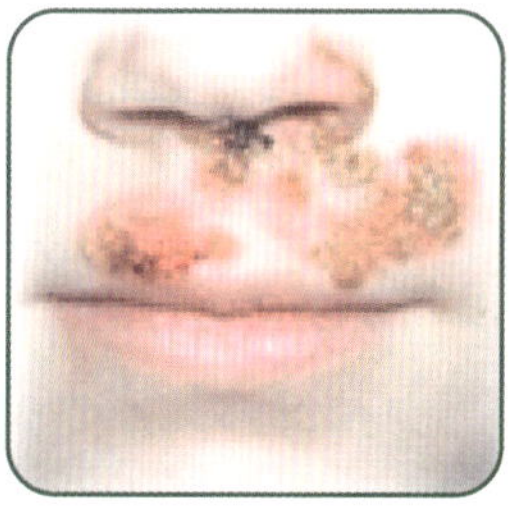

• 루푸스

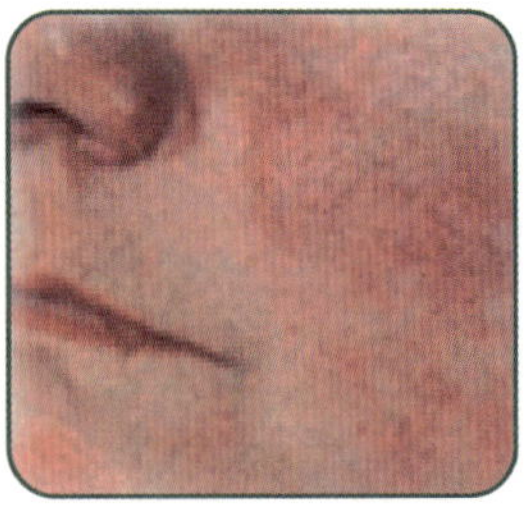

루푸스의 정확한 이름은 전신성 홍반성 루푸스이며, 주로 가임기 여성을 포함한 젊은 나이에 발병하는 만성 자가면역질환이다. 자가면역이란 외부로부터 인체를 방어하는 면역계가 이상을 일으켜 오히려 자신의 인체를 공격하는 현상을 의미하며, 이로 인해 피부, 관절, 신장, 폐, 신경 등 전신에서 염증 반응이 일어나게 된다. 루푸스는 만성적인 경과를 거치며 시간에 따라 증상의 악화와 완화가 반복된다.

• 혈종

어혈(瘀血)을 위주로 하는 수종(水腫)

• 말단경화증

손, 발가락 또는 몸의 튀어나온 부위가 차갑고 푸르스름해지며 단단한 부종을 일으키는 증세

• 옴

옴 진드기에 의하여 발생되는 전염성이 매우 강한 피부 질환

04 피부 병변

피부 병변은 상처 또는 질병의 원인이 되는 조직의 구조적 변화이다.

메디 컨투어 Make-up 시 Make-up 대상이 될 수 없는 사람을 식별하는데 도움이 되는 병변의 주요 유형을 알고 있어야 한다.

부상 피부 또는 병변의 종류에 따라 색소가 착색이 될 수도 있고 그렇지 않을 수도 있다.

1_켈로이드

피부 손상 후 발생하는 상처 치유과정에서 비정상적으로 섬유조직이 밀집되게 성장한 질환으로 본래 상처나 염증 발생부위의 크기를 넘어서 주변으로 자라는 성질을 갖고 있다. 원인은 아직 확실히 알려지지 않았지만 유전적 소인이 있는 사람에게서 잘 생기는 것으로 알려져 있다.

대개 외상이 원인이 되며 잘 생기는 부위는 어깨나 흉골부위(앞가슴)이며 귀를 뚫은 후에 염증이 생기면서 발생하는 경우도 많다. 가려움 등이나 압통을 동반할 수 있고 일반적으로 큰 고통을 수반하지는 않지만 미용적인 측면에서 불편을 호소하는 사람이 많다. 켈로이드 체질은 피부를 가볍게 문질러도 붉게 부어 오르는 것이 특징이지만 실제적으로 켈로이드 체질인 경우는 매우 드물다.

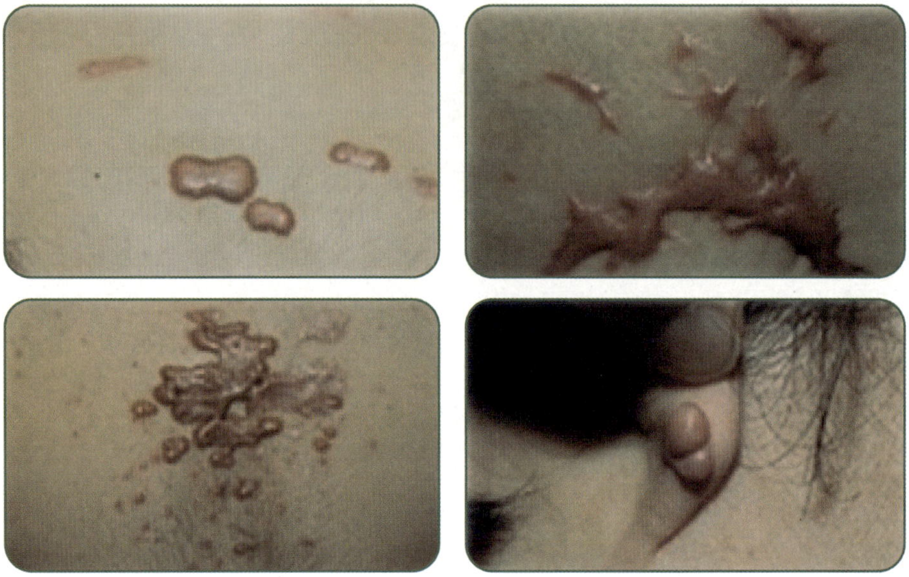

* 상처 및 화상인 경우 치유 과정이 종료되고 의사로부터 완치와 관련된 서면 동의를 받은 후에 비로서 메디 컨투어 Make-up을 통한 색소 침착이 가능하다.

C·H·A·P·T·E·R

Medi Contour

05 Make-up 전 주의해야 할 피부상황

특수 고객상황으로 메디 컨투어 Make-up이 임시 또는 영원히 금기 사항이 될 수 있는 질병, 의학상황, 생리적인 조건 또는 의학적 외과 감염이 있다. 때로는 전문 의료인의 감독 허가로 Make-up이 실행될 수 있다.

1 _ Make-up을 해서는 안되는 상황

• 당뇨병

Make-up을 하는 도중 미세하지만 상처가 발생한다. 당뇨환자는 상처가 잘 낫지 않으므로 Make-up을 피한다.

• 혈우병

피가 멈추지 않는 질병으로 Make-up 도중 진피를 건드려 피가 나는 상황이 발생할 수 있기 때문에 Make-up을 피한다.

• 심장병

Make-up 도중 순간적인 쇼크가 올 수 있으므로 Make-up을 피한다.

• 고혈압

Make-up 도중 순간적으로 혈압이 20 ~ 40정도가 급상승할 수 있으므로 Make-up을 피한다.

• 알레르기체질

알레르기는 대부분의 사람들에게 무해한 특정 물질이 일부 사람들에게는 종종 면역 시스템의 오류로 간주하여 고통받는 감각의 상태이다. 면역 반응 경우에는 항원으로 알려져 있는 이물질과 싸우기 위하여 항체가 몸에서 생성한다. 이 항체가 때로는 오류를 범하여 쓸모 없는 반응을 일으키는 원인이 된다. 항원은 살아있는 생물, 음식 및 화학물질일 수 있다.

• 월경과 임신

일부 여성들은 생리 기간 동안 통증에 대한 고통이 더욱 과민해질 수 있다. 그러므로 고객에게 그러한 상황에 대하여 충분한 상담 절차를 밟아야 한다.
그리고 임신한 여성인 경우에는 예상치 못한 합병증이 발생할 수 있으므로 Make-up을 해서는 안된다.

• 수유부

완전 모유 수유하는 경우에는 시술을 피한다. 하지만, 12시간 모유를 끊을 수 있을 때는(혼합수유, 8개월 이후 이유식 병행할 때) 시술을 해도 된다.

(1) Make-up전 알레르기에 대처하는 방법

색소 착색 부위에 피부 알레르기 여부가 확인될 때까지 Make-up을 연기하는 것이 필수이며, 굳이 의학적 통보와 조언은 필요 없다.

Make-up 과정 중 알레르기 반응이 유도될 수 있으므로 반드시 더마테스트를 통과한 알레르기 반응에 안전한 색소를 사용하여야 하며, 이러한 검증 절차는 유럽국가에서는 합법적인 요구사항이다.

2_설문을 통한 고객상황 파악

Make-up을 진행하기 전에 반드시 설문을 통하여 고객상황을 파악해야 하는데, 그 중 하나가 약물 복용 및 치료방법 이력에 관한 사항이다.

- **약물 복용**

  고객이 항생제, 항레트로 바이러스 약물, 코르티코이드 등의 약물을 복용하는 동안에는 Make-up을 연기하여야 한다.

- **치료방법 및 이력**

  화학요법 및 방사선 치료를 받는 고객일 경우 아무리 고객의 감정상태가 정상적이라 하더라도 의학원본에 의사의 허가가 없이는 Make-up을 받게 해서는 안된다.

3_성형술 및 삽입술

- **성형술** : 성형수술 후 3개월까지는 Make-up을 권장하지 않는다.
- **삽입술** : 삽입술 같은 경우에는 두 개의 제안 중 하나를 따라야 한다.

첫째, 그 효과가 12개월 미만 지속되는 경우에는 메디 컨투어 Make-up이 삽입술 전에 수행되어야 한다. 즉 보톡스, 콜라겐, 히알루론산의 산성 또는 기타 성분으로 단기에 재흡수되는 물질이다.

둘째, 24개월 이상의 지속적인 효과가 있는 경우에는 삽입술 후 60일 아니면 90일 후에 실시하여야 한다.

항상 어떤 가능성 있는 불균형을 피하기 위하여 지속 효과가 더 오래가는 절차를 첫째로 먼저 적용하는 것이 원칙이다.

Tip

1. • 필러 시술을 먼저 했을 경우 : 시술 후 2주 정도 지나서 Make-up을 한다.
   • 보톡스를 먼저 했을 경우 : 근육이 자리잡은 이후 Make-up을 한다.
   • 필러 시술과 Make-up 시술 계획이 동시에 있을 경우 : Make-up 시술 후에 필러시술을 진행한다.
2. 쌍꺼풀, 가슴성형을 할 계획일 경우
   Make-up을 먼저 하고 1주일 후에 성형을 한다.
   성형 후 2~3개월이 지나면 반영구 리터치 기간이 되기 때문이다.

C·H·A·P·T·E·R

Medi Contour

06 피부 유형별 메디 컨투어 Make-up의 특징

1_피부 유형 분석

피부 유형을 정상, 건성, 지성피부 3가지로 크게 구분한다.

(1) 정상피부

피지선과 한선의 기능이 가장 이상적인 피부 유형을 말한다.

• 특징

- 유수분의 균형이 잘 이루어져 있으며 번들거리지 않는다.
- 피부결이 매끄럽고 섬세하며 피부가 부드러워 보이며 깨끗하다.
- T존 부위에 모공이 보이며, 그 외 부위는 모공이 보이지 않는다.
- 세안 후 피부 당김이 거의 없다.
- 전반적으로 피부의 결점이 보이지 않는다.
- 표정주름 외에는 전반적으로 주름이 없다.
- 소구가 얕고 종횡으로 정밀하게 갖추어져 있다.

(2) 건성피부

정상에 비해 피지 분비가 적은 피부로 각질층의 수분이 10% 이하에 해당하는 피부 유형을 말한다.

1) 피지부족 건성피부

• 특징

- 피부결이 섬세하고 얇다.
- 피부 표면이 투명하다.
- 당기는 현상이 심하며, 다른 피부타입에 비해 주름이 잘 생긴다.
- 모공이 거의 보이지 않으며 피부에 홍조를 띄는 경우가 많다.
- 과색소 침착 현상이 나타난다.
- 노화현상이 일어나기 쉽다.

2) 수분부족 건성피부

① 표피 수분부족 피부

• 특징

- 연령에 관계없이 발생, 주로 젊은층에 발생한다.
- 표피가 얇고 수분이 부족한 피부이다.
- 잔주름이 생기기 쉽다.
- 약간의 당김 현상이 있다.
- 피부 소양증(가려움증)이 있다.

② 진피 수분부족 피부

• 특징

- 진피성 굵은 주름이 발생한다.
- 탄력이 저하한다.
- 피부 늘어짐 현상이 있다.
- 피부 속으로부터의 당김 현상이 있다.
- 색소 현상이 발생되기 쉽다.

3) 지성피부

피지선 기능의 비정상으로 피지가 과잉 분비되어 피부 표면이 번들거리고 모공이 점차 넓어지며 각질층이 점차 두꺼워지는 피부 유형을 말한다.

① 유성 지루성 피부

- 특징
  - 피지가 과잉분비되어 번들거림이 심하다.
  - 각질층이 비후하여 피부가 두꺼워 보인다.
  - 여성에 비해 남성에게 많이 나타난다.
  - 햇빛에 의한 색소침착이 빠르다.

② 건성 지루성 피부

- 특징
  - 피지가 과잉분비되는 반면 수분이 부족하다.
  - 피부표면이 건조하고 각질이 일어난다.
  - 각질층이 비후하여 피부가 두꺼워 보인다.
  - 유성 지루성에 비해 자극을 쉽게 받는다.
  - 저항력이 약해 여드름 발생 위험성이 더 크다.

2_ 피부 유형별 메디 컨투어 Make-up의 특징

(1) 지성피부

- 피부 밀집도가 느슨하고 모공이 열려 있으며 피지 분비가 많아 색소가 잘 빠진다.
- 피부 조밀도가 느슨하여 출혈이 있을 수 있다.
- 시술하고 난 직후가 빨갛다.
- 대부분 남성이 지성피부가 많기 때문에 여성보다 출혈이 더 있을 수 있다.
- 각질이 두껍게 떨어져 색이 많이 남지 않을 수 있다.

(2) 건성피부

- 피부 밀집도가 조밀하고 모공이 작아서 지성피부에 비해 착색이 잘 된다.
- 가려움증이 심하다.
- 각질이 빨리 탈락되어 색소가 많이 남지 않을 수 있다.
- 에프터 케어 크림을 더 신경써서 바르도록 한다.

Tip

연령별 Make-up 지속의 차이

연령이 높을 수록 Make-up이 오래 지속된다.
노화로 인해 각화주기가 더디기 때문이다.

얼굴과 바디의 Make-up 지속의 차이

바디는 얼굴에 비해 각질탈락현상이 더디고 신진대사가 느려 얼굴의 Make-up 보다 오래 유지된다.

[Ex] 일반적으로 Make-up 후 3 ~ 4일 정도 지나면 각질 탈락 현상이 일어난다.
그러나 유륜은 1주일 ~ 10일 정도 지나서 각질 탈락 현상이 일어난다.

03

위생학 개론

C·H·A·P·T·E·R

Medi Contour

01 감염과 질병의 전염방지

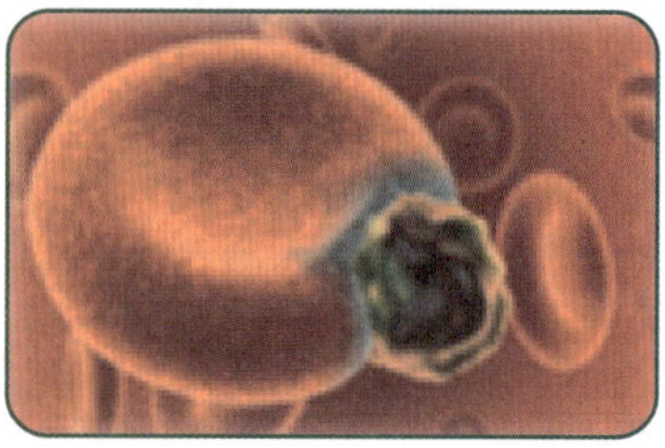

미생물은 미생물학을 공부하는 과학 분야에서 정의하는 미세한 생물이다.

병원균 또는 병원체라 불리는 미생물은 질병을 옮길 수 있으며, 특정한 경로를 통하여 전염병이 발생한다. 그 경로는 다양한 방법을 통하여 건강한 사람에게 전염이 될 수 있다.

피부와 점액은 미생물로부터 유기체를 보호한다. 하지만 메디 컨투어 Make-up을 시행할 때 각별히 주의하지 않는다면, 치명적인 전염병을 초래할 수 있다.

따라서 가능한 모든 전염경로를 숙지하고 감염을 방지하기 위해 필요한 조치를 취하는 것이 필수적이다.

02 미생물

1 _ 미생물의 종류

미생물은 인간의 눈으로는 식별할 수 없는, 현미경을 통해서만 볼 수 있는 미세한 유기체이다.

- 미생물은 '유비쿼터스(ubiquitous)' 즉, 그들은 어디에나 존재한다.
- 미생물은 활동적으로 자신을 복제한다.
- 일부 미생물은 질병의 원인이 되며, 그러한 미생물들은 병원균 또는 병원체로 알려져 있다.

미생물마다 각기 특별한 유형의 조건을 갖추고 있다. 살아있는 산소가 필요한 미생물과 다른 유독한 산소를 요구하는 미생물이 있다. 몇몇 미생물은 pH 3 ~ 7의 환경에서 살아가는가 하면, pH 7 이상의 환경이 필요하기도 하고, 5 ~ 20℃의 찬 상태 및 20 ~ 45℃의 따뜻한 온도의 환경에서 성장한다.

(1) 박테리아

일부 박테리아는 가장 험한 환경인 부적절한 온도, 완전건조 또는 영양 부족상태에서도 살아남을 수 있다. 그들은 모두 무성생식으로 복제한다. 박테리아 분열은 번식의 가장 일반적인 생식인 성과 관계가 없는 방법으로 복제하는 미생물 중 하나이다.

이러한 박테리아는 피부표면과 정상적인 식물군에 풍부하다. 피부에 상처나 화상, 바늘 같은 것에 찔림으로 인해서 피부 방어막이 뚫리고, 피부병변 상황이 초래되면, 미생물의 침투가 용이하도록 길을 열어주게 되어 피부의 가장 깊은 부분까지 들어가기 때문에 감염의 원인이 된다.

- 박테리아로 인한 감염의 예

  모낭염, 농가진, 여드름

(2) 진균류(곰팡이)

곰팡이로 알려진 진균류는 다른 살아있는 생물의 유기체에서 떨어져 나가는 유기물을 먹이로 살아가는 유기체이다. 그들의 번식복제는 유성 또는 성별이 없는 무성일 수 있으며, 진균류는 다습한 조건에 많이 있다.

곰팡이에 의한 감염은 사상균 병이라고 하는데, 이들은 주로 피부, 머리카락과 손톱에 영향을 미친다. 이 영역에 감염된 곰팡이는 피부진균, 피부사상균, 피부실 곰팡이이다.

가장 일반적인 감염은 사람 사이에 또는 사람과 동물 사이의 직접 접촉을 통해 감염된다. 또한 습기, 오염된 표면(샤워, 해변, 웅덩이 등) 또는 오염된 표피 세포, 머리, 신발, 면도날, 손톱, 빗, 브러쉬, 타올 등과 접촉하거나, 맨발로 걸어 다닐 때 감염될 수 있다.

(3) 바이러스

바이러스는 간단한 구조 기생충 미생물이다. 핵산의 한 종류인 단백질의 보호막으로 둘러싸여 있다.

바이러스는 0.02에서 0.03 미크론(1m의 100만분의 1)에 이르기까지, 알려진 모든 미생물 중에서 가장 작다. 이들은 기생충이기 때문에 재생산을 위하여 다른 세포에 달라붙어 기생한다.

바이러스에 의한 피부병은 수많은 사람에게 영향을 미칠 수 있으며, 전세계에 전파되는데, 공기와 소화기관을 통해서 사람들에게 전파된다. 어떤 사람에게는 다양한 동물들을 매체로 하여 전염되기도 한다.

효과적으로 바이러스 감염을 방지하기 위해 오염의 근원인 영구적인 모든 매개체는 제거되어야 한다.

1) 바이러스 감염

피부에 일반적인 바이러스 감염의 유형은 사마귀라고 한다. 이것은 전염성 있는 양성 피부 종양이며, 알려진 바이러스만도 적어도 35가지 유형에 의해 발생한다. 게다가 어느 위치에 출현하여 달려있는지에 따라 매우 성가시고 귀찮으며 불쾌할 수 있다. 심지어 일부 드문 경우에 여러 가지 이유로 악성으로 변환된다.

일반적인 감염의 또 다른 유형은 헤르페스 심플렉스(포진) 바이러스가 원인이다. (헤르페스 대상 포진 바이러스와는 완전히 무관하다) 이 바이러스는 인류 대부분이 감염된 경험이 있으며, 코감기 및 열병처럼 입가에 발진이 나는 증세를 초래한다. 면역체계가 떨어져서 자연방어 능력이 낮아지거나 스트레스를 받은 경우(여성의 생리도중 감정장애, 호르몬변화, 태양 과다노출, 발열 등) 헤르페스 바이러스가 다시 활성화 된다.

많은 사람들은 이 감염에 자연적인 포용력이 있다. 어떤 경우에는 접종을 통해 그것을 취득하거나 과거에 질병을 앓고 나서 항체를 얻는다. 때로는 항생제의 영향을 받지 않는 바이러스도 있으며, 때로는 분명한 증후를 나타내기도 한다.

2 _ 미생물의 감염 메커니즘

감염이 되려면 세균은 몸에 직접 혹은 간접적으로 들어가야 한다. 세균은 다양한 방법을 통해서 몸에 들어갈 수 있다.

• 피부상처

상처로 인하여 피부에 방어막이 뚫렸을 때 신체적 접촉을 통해 진입

• 호흡장치

감염된 사람의 재채기 혹은 기침 점액의 작은 공기 방울, 즉 비말을 통해 진입

• 위장관

오염된 고체 또는 액체의 섭취를 통해 진입

• 성접촉

성관계에 의한 성기를 통하여 진입

• 눈

오염된 손으로 눈을 만졌을 경우 진입

3 _ 미생물 감염의 직업적인 관련성

미생물에 기인한 감염증의 치료는 전문 의사에게만 독점적 권한이 있다. 훌륭한 메디 컨투어 Make-up 아티스트는, 전문 의사의 권한을 침해하지 않는 범위 내에서 감염증세을 확인하는 방법을 알아야 하고, 적합한 지시를 내릴 수 있는 자격이 되는 의사에게 고객을 보낸다.

메디 컨투어 Make-up 아티스트는 세균 전염의 접근노선에 대하여 완벽하게 숙지하고 전염을 피하기 위한 유효한 방법을 알아야 한다. 또한 전문화된 방법으로 감염증세의 실존을 확인하고 분석하는 것이 중요하다.

피부 감염의 증후는 일반적으로 팽창, 고통, 적색 및 열 등의 증상이 나타나며 감염된 부위가 피부 표면에 있는 경우에는 주위 조직 보다는 붓고, 과민하고, 빨갛게 피어오르면서 약간 온열이 나타난다. 심지어 어떤 경우에는 고름이 있을지도 모른다. 발열은 감염의 증상일 수 있다.

C·H·A·P·T·E·R

Medi Contour

03 무모한 Make-up으로 인한 부작용

단순한 염증 외에 무모한 Make-up은 다음과 같은 질환을 발생할 수 있다.

1 _ 감염

완벽하지 못한 살균과 부족한 위생 환경에 의해 감염이 발생할 수 있다. 단순 감염이나 완치가 가능한 경우라면 다행이지만, 에이즈, 간염, 파상풍, 한센병 등 위험한 감염이 발생하였을 경우 돌이킬 수 없는 죄를 짓는 것과 같은 결과를 초래할 수 있다. 이러한 감염으로부터의 위험은 고객뿐만 아니라 메디 컨투어 Make-up 아티스트 본인 자신에게도 해당되므로 각별히 주의하여야 한다.

2_유해한 색소 사용으로 인한 독소

일반적으로 검증되지 않은 무단 색소를 사용하는 경우에 발생한다. 특히 천연성분이 아닌 화학색소를 사용하였을 경우 여러 가지 부작용이 발생할 수 있는데, 철분산화물 및 정제되지 않은 카본 등은 색소의 색상이 변색되거나, 독소로 작용하여 암을 유발하기도 한다.(카본은 색소를 만들기 위하여 반드시 필요한 성분이지만, 인체에 무해한 정도의 양과 정제된 제품이여야 함)

3_부족한 테크닉의 결과 – 깊은 상처

자격이 없는 자의 Make-up 행위는 부족한 기술에 의하여 표피층이 아닌 진피 깊숙한 곳까지 영향을 미칠 수 있고, 그로 인하여 깊은 상처 및 염증을 유발하고 그에 의해 국부적으로 주홍색 빛 진사 현상이 일어나며, 민감화를 일으키는 원인이 된다.

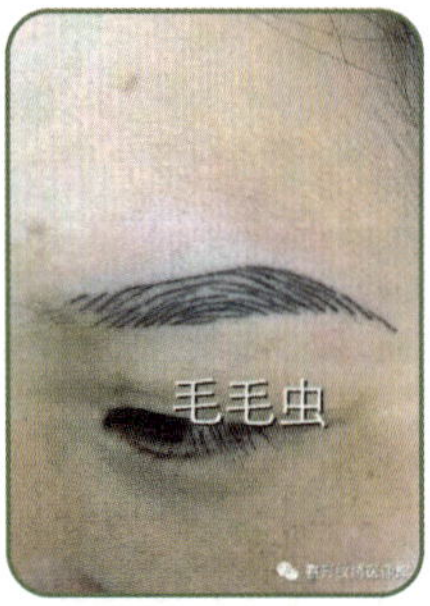

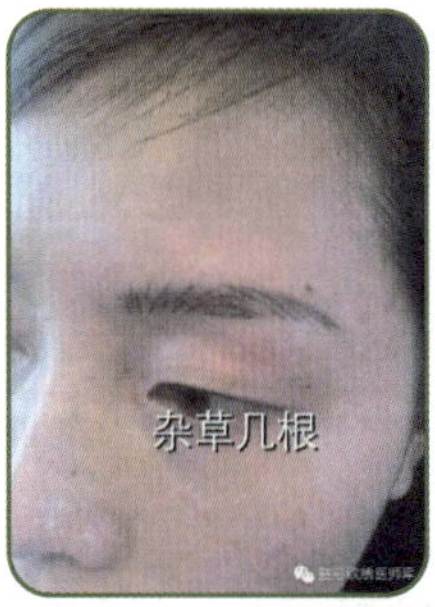

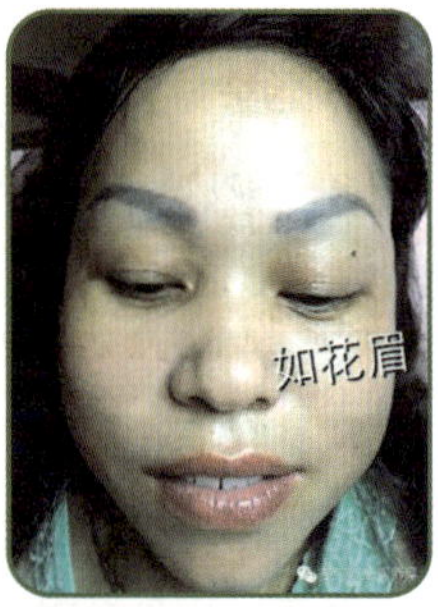

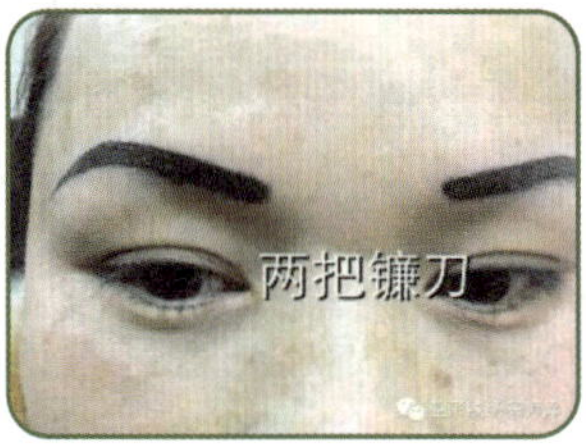

C·H·A·P·T·E·R

Medi Contour

04 혈액을 통한 감염

혈액 및 신체 유체는 특정 미생물의 전송 경로이다. 이것은 에이즈 바이러스, B형 간염, C형 간염이 그 예이다. 따라서 고객 및 메디 컨투어 Make-up 아티스트의 혈액 및 신체 체액을 통하여 에이즈 바이러스(HIV), B형 간염 바이러스(HBV), C형 간염 바이러스(HCV) 및 기타 혈액 부담 병원균에 감염될 수 있다는 점은 매우 중요하며 필수적인 주의가 필요하다.

1 _ AIDS

HIV에 감염되면 우리 몸에 있는 면역세포인 CD4 양성 T-림프구가 이 바이러스에 의해 감염되어 파괴되므로 면역력이 떨어지게 되고, 그 결과 각종 감염성 질환과 종양이 발생하여 사망에 이르게 된다.

HIV의 감염경로는 성 접촉(정액, 질 분비물), 수혈이나 혈액 제제를 통한 전파, 병원 관련 종사자에게서 바늘에 찔리는 등의 사고로 전파, 모체에서 신생아에게로의 전파 등이 있다.

메디 컨투어 Make-up 실무자로 인한 감염의 경우에는 오염된 체액과 점액이 묻은 카트리지의 찌름을 통해서 또는 치료가 중단된 피부에 직접적 접촉에 의해서만 일어난다.

메디 컨투어 Make-up 그 자체만으로는 AIDS 및 간염 등이 전염되지 않지만 에이즈는 백신을 사용할 수 없는 것이므로 잠재적으로 감염된 혈액이나 그 외의 문제가 발견된다면 필요한 예방조치를 하여야 하며, 반드시 Make-up은 금기하여야 한다.

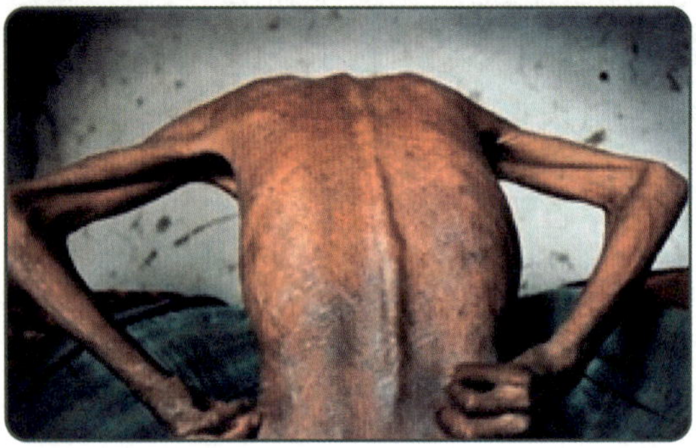

2_한센병

한센병은 나병이라 불리며, 나병균(Mycobacterium leprae)에 감염되어 발생한다. 나병균이 피부, 말초신경계, 상기도의 점막을 침범하여 조직을 변형시킨다. 나병균이 원인 병원체이다.

이는 가족 내의 장기간의 긴밀한 접촉으로 인해 전파되는 것으로 알려졌으나 정확한 감염 경로는 아직 밝혀지지 않았으며, 상기도나 상처가 있는 피부를 통해 나병균이 침입하는 것으로 추측되고 있다. 치료하지 않으면 신경계의 합병증으로 인해 사지의 무감각과 근육의 병적인 증상이 발생한다. 촉감, 통각, 온도 감각이 소실되고 위치감각과 진동감각도 없어진다.

나병균에 가장 흔히 침범되는 신경 부위는 팔꿈치이며 4번째와 5번째 손가락이 갈퀴처럼 변형된다. 손가락과 발가락에 감각이 소실된 상태에서 지속적으로 외상을 입고 이로 인해 2차 감염이 발생하면 손가락과 발가락의 말단 부위가 떨어져 나가기도 한다.

코점막에 나병균이 감염되면 코연골의 만성적인 염증으로 인해 연골이 변형되어 안장코(saddle nose)가 되거나 무후각증이 발생하기도 한다. 눈에 침범하면 안구가 돌출되거나 눈이 감기지 않게 되고 각막궤양이나 백내장, 녹내장 등이 발생하여 실명할 수도 있다.

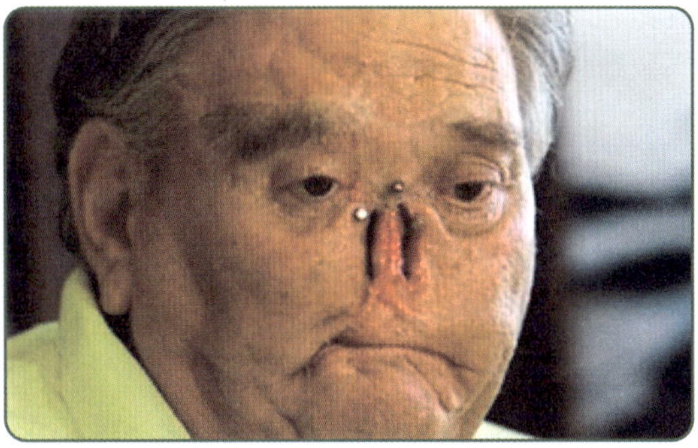

3 _ 간염

간염은 간세포 및 간 조직의 염증을 의미한다. 간염의 주요 원인으로는 바이러스, 알코올, 여러 가지 약물들 및 자가면역 등이 있다. 간염은 지속 기간에 따라 급성과 만성으로 구분하며, 간염이 6개월 이상 낫지 않고 진행하는 경우를 만성 간염이라고 한다.

간염은 매우 전염성이 강하다. 만성 바이러스성 간염은 간에서 무한정 살 수 있으며, 영향을 받는 사람은 수많은 합병증을 유발한다. 간염에 감염되면 전혀 증상이 개선되지 않을 수도 있으며, 여전히 다른 사람에게 전염될 수 있다.

B형 간염 바이러스는 감염된 혈액과 침의 직접적인 접촉을 통해 전달된다. 메디 컨투어 Make-up 아티스트는 반드시 예방접종을 하여야 한다. B형 간염 바이러스에 감염되기 전에 3회에 걸친 백신프로그램을 완료하여 예방접종을 받아야 한다.

메디 컨투어 Make-up 아티스트는 각각의 바이러스성 간염에 대한 지식을 가지고 있어야 한다.

4 _ 파상풍

파상풍은 상처 부위에서 증식한 파상풍균(Clostridium tetani)이 번식과 함께 생산해 내는 신경 독소가 신경 세포에 작용하여 근육의 경련성 마비와 동통(몸이 쑤시고 아픔)을 동반한 근육수축을 일으키는 감염성 질환이다.

외관상 뚜렷하지 않은 작은 상처를 통해서도 균이 들어올 수 있고, 화상을 입거나 비위생적인 수술과 같은 외과적 조작을 통해서도 균이 침입할 수 있으며, 동물에 물려서 감염되기도 한다. 파상풍 감염은 적절한 예방 접종 없이 사망할 수도 있다.

과거 파상풍 예방 접종 기록을 확인하여 파상풍균 독소에 대한 면역력이 충분하지 않다고 판단되는 경우에는 파상풍 면역글로불린의 투여나 파상풍 톡소이드(파상풍의 예방용 백신으로 파상풍균의 독소를 약화시킨 것) 접종이 필요하다.

면역을 유지하기 위해서는 10년마다 예방 접종이 필요하다.

5 _ 감염의 위험이 높은 사항들

- 위험에 도달할만큼 과도한 양의 약 복용
- 높은 위험이 여겨질 만큼의 과도한 독성
- 비강 또는 눈을 통해 열린 상처주위
- 현재 감기 및 독감에 걸려 있거나, 심한 피로감을 느끼는 경우

6 _ 예방조치

- 반드시 1회용으로 된 장갑, 마스크 및 가운을 착용하는 것은 잠재적인 세균 접근 경로를 차단해준다.
- 정기적으로 손을 씻고, 소독제를 사용하므로 유독성 질병의 감염을 제거하거나 줄일 수 있다.
- 사용한 카트리지를 담을 수 있는 특수 용기를 사용하고, 기기 사용 중 카트리지를 가릴 수 있도록 하는 기기배치는 피부를 찌를 수 있는 가능성을 현저하게 줄여준다.

- 감염 위험과 관련되는 절차에 필요한 보호 장비를 사용한다.
- Make-up 환경에서 병원균의 존재를 줄이기 위해 소독용 비누나 세제 중 하나를 사용한다.
- 고객의 상세한 병력을 기록하고, 그에 맞는 조치를 실행한다.
- 안전하지 않거나 위험한 상황이 감지되는 즉시 그러한 환경을 개선한다.
- 비위생적 상황을 개선하고, 보건 위생을 실천한다.
- 시술 후 사용한 일회용 카트리지, 색소컵, 위생장갑은 재사용하지 않고 모두 폐기한다.

C·H·A·P·T·E·R

Medi Contour

05 소독과 방법

무균, 소독 및 살균 기술은 잠재적인 병원성 미생물의 전염을 피하는 것을 목표로 하고 있다. 이러한 조치의 올바른 응용 프로그램은 감염 예방에 필수적이다.

1 _ 소독

소독이란 질병의 원인이 되는 세균의 수를 안전한 수준으로 감소시키는 것으로 소독의 대상은 병원성 미생물로 성장을 저지하거나 파괴함으로써 위험성을 제거하게 된다.

흔히 소독과 혼동하는 말로 멸균, 살균 등이 있는데, 멸균이란 주로 열을 이용하여 병원균을 완전히 박멸시켜 무균상태가 되게 하는 것을 말하고, 살균이란 생활력을 가지고 있는 미생물을 여러 가지 물리 화학작용에 의하여 급속하게 죽이는 것을 말한다. 그러나 소독은 멸균처럼 아포까지 사멸시키는 것은 아니고 감염력을 없애는 것이다.

(1) 무균이란?

무균이란 멸균대상 목적물에서 모든 미생물(virus, rickettsia, mycoplasma, 세균, 진균, 원충 등)을 사멸 또는 제거하고 더불어 대상물에 관해서 미생물의 발육증식이 진행되지 않는다는 사실이 확인되고 증명된 상태를 말한다. 이 말을 멸균조작법에 따른 결과로서 쓰이는 표현법이다.

[Ex] 무균제품, 무균표시제품, 그리고 통조림 식품 등이 해당된다.

2 _ 소독방법

소독의 방법을 결정할 때는 전염방법이 직접적인지 간접적인지를 확인하고 감염 경로를 알아야 한다. 또한 소독의 대상물과 그 성질이 어떠한 지도 알아야 한다.

(1) 자연소독법

자연적인 방법으로 소독을 하는 것을 말하며 효과는 떨어진다.

• 희석

희석 자체의 살균 효과는 없고 어떤 감염원을 희석시켜 세균 수를 감소시키는 것을 말한다.

• 태양광선

태양광선 중 가장 강력한 살균력을 지닌 파장은 2900 ~ 3200A 정도의 파장인 도르노선인데 자외선은 공기를 통과하는 동안 그 강도가 약해지게 된다. 따라서 Make-up 시 사용되는 소독 대상물에 분비물, 약제, 수분 등이 들어가면 살균시간의 지연 및 살균효과도 떨어지게 된다.

• 한냉

한냉에 의한 자연 소독법은 저온상태를 이용하여 세균의 기능을 저하시켜 세균 발육을 저지시키는 소독법이다. 그러나 사멸되지는 않는다.

(2) 건열소독법(물리적 소독법)

가장 확실한 효과를 얻을 수 있는 소독법으로 열, 광선을 사용하는 것이다.

- **화염 멸균법**

  멸균 대상 물체를 화염에 직접 접촉시켜 미생물을 태워서 멸균시키는 방법으로 내열성이 있는 제품의 멸균에 이용한다.

- **건열 멸균법**

  건열을 이용하여 180도에서 30분간 미생물을 산화 또는 탄화시켜 멸균하는 방법이다. 사용하기 전 1차적으로 이물질을 충분히 제거하여 넣도록 하며 내열성이 있는 제품만 가능하다.

- **소각 소독법**

  소각 소독법은 환경 미생물에 오염된 재생 가치가 없는 것을 불에 태워 멸균시키는 방법으로 가장 쉽고 안전한 방법이다. 그러나 그 양이 많을 경우 환경 오염 등의 문제가 유발된다.

(3) 습열 소독법(물리적 소독법)

습열 이용법은 건열 소독법에 비해 열의 전도가 빨라 모든 부분에 고루 열이 전달되며 수분의 존재로 미생물의 단백질 응고가 촉진되어 멸균 효과가 커진다.

- **자가소독법**

  물을 끓여 소독하는 방법으로 100도의 끓는 물에 소독할 물품을 직접 담가 20분 이상 끓이는 방법이다. 완전한 멸균은 기대할 수 없으나 영향형 세포는 수분 내에 사멸한다. 자비 소독 시는 소독 대상물이 물속에 충분히 담궈져야 하며 유리제품, 금속성 식기, 의류, 타올 등의 소독에 적합하다.

- **저온 소독법**

  프랑스 파스퇴르에 의해 고안된 소독법으로 62 ~ 63도에서 30분 정도 소독하는 방법이다. 소독 대상물은 기구보다 음식물에 적합하여 맛의 변질을 막거나 세균 감염 방지 목적으로 이용된다.

• 고압증기멸균법

100 ~ 135도의 고온 수증기를 미생물에 가열 처리하는 방법으로 모든 미생물을 거의 완전하게 멸균시키는 가장 좋은 방법이다. 주로 이·미용기구, 의류, 고무제품의 멸균에 사용한다.

• 간헐멸균법

고압증기 멸균법에 의한 가열 온도에서 파괴될 우려가 있는 물품을 멸균할 때 사용하는 방법으로 보통 3회에 나누어 가열 처리하는 방법으로 금속성 재료, 사기 제품 등의 멸균에 사용한다.

(4) 자외선 소독법

살균력이 강한 자외선을 방사시켜 멸균하는 방법으로 수술실, 식기, 공기, 물의 살균에 광범위하게 사용하는 방법이다. 자외선 C(UV C) 방사선은 고(高) 에너지 수준의 강력한 소독에 연관되는 사용 방법으로 능률적인 파장은 약 255nm이고 “살균제 파장”으로 알려진다. UV 방사선 램프는 소독으로 사용하기에 아주 좋으며 유용하다.

자외선 소독법은 조사 대상물의 변화를 거의 주지 않고 살균 가능하나 내부 침투력이 약하여 살균작용이 주로 표면에서 일어나기 때문에 수시로 표면을 뒤집어 주어야 하는 번거로움이 있다. 주로 미용 분야에서 많이 사용되며 소독기에 넣어 20분간 조사하면 멸균된다.

(5) 화학적 소독법

특정 화학제품인 소독제는 병원균의 발전을 방지하거나 파괴되는 데 사용된다. 이상적인 소독제는 사람에게 해가 없는 시간인 단시간 안에 모든 미생물을 파괴한다.

미생물에 살균력을 가지고 있는 약제를 사용하여 소독하는 방법으로 알코올, 계면활성제, 할로겐유(염소제, 요오드제), 페놀, 과산화수소 등이 있다.

3 _ 소독제의 조건

살균력이 강하고 인체에 무해하며 취급 방법이 안전하고 간단해야 한다. 또 가격이 저렴하고 소독 대상물을 손상시키지 않아야 한다.

4 _ 소독에 필요한 인자

• 물

살균작용은 일종의 화학 반응으로 건조된 상태에서 반응이 진행되기 어려우며 소독약은 물에 젖은 균체와 접촉하여 균막을 통해 균체에 용해되어 들어가 단백질을 변성시킨다. 따라서 물에 용해되는 성질과 균체에 침입하는 성질을 모두 갖추어야 한다.

• 온도

온도가 상승하면 반응 속도가 빨라지며 균체에 확산되어 침입하는 속도가 함께 빨라져 살균력이 증가된다.

• 시간

소독법마다 일정한 시간의 작용이 있어야 한다.

• 농도

소독하고자 하는 대상물에 따라 적당한 농도가 정해져 있는데 온도, 시간에 따라 적당히 조절하여야 한다.

화학약품을 사용하기 위해서는 제조업체의 매뉴얼에 따라 취급 및 지침의 사용을 조심스럽게 따라야 한다. 그것은 안전을 위하여 매우 중요한 요소이다.

06 소독제의 종류

• • •

• 알코올

먼지와 미생물을 제거한다. 하지만 이 방법은 매우 느리다. 70%의 에탄올이나, 96%의 에틸 알코올은 정상 알코올보다 강력한 살균제이며 상처를 정화하고 소독하는 데 사용한다. 주의할 것은 소독대상이 플라스틱인 경우 그것을 손상시킬 수 있고 탈 가능성이 있다.

• 항균제

미생물이나 세균의 생성 및 활동을 억제하거나 미생물 및 세균을 죽이는 물질로서 비누 또는 알코올로 적용될 수 있는 우수한 소독제이다. 그것은 또한 적용하기에 간단한 연무질에서 유효하다.(연무질 : 기체에 액체와 고체의 미세한 입자가 섞여 있는 혼합체)

• 과산화수소

가장 일반적으로 상처를 소독하는 데 사용되지만, 도구에 사용하는 경우 높은 농도를 사용하여야 한다.

• 포름알데히드

포르말린으로 알려져 있으며 37%의 수용액에서 침수 또는 증기를 통해 자료를 소독하기 위해 주로 사용된다.

• 글루타알데히드

소독하는 데 사용하는 강력한 항균 액체 화합물이다. 소독을 위해 2% 정도를 희석하여 사용하고 소독할 대상이 10분간 잠겨있어야 한다.

• 페놀

하이드록시벤젠에 해당하는 방향족 알코올이다. 특이한 냄새가 나는 무색의 고체로, 콜타르에 들어 있다. 방부제, 소독 살균제, 합성수지, 염료, 폭약 등을 만드는 데 쓴다.

C·H·A·P·T·E·R

Medi Contour

07 개인보호를 위한 위생절차

1_청소 및 소독

위생 및 개인보호는 시술자 및 고객에게 큰 영향을 미친다. 또한 위생은 엄격한 국가적 법규에 의거하여 관리된다.

위생은 세 가지 기본 작업 영역으로 구분해야 한다.

첫째, 건물, 가구, 장비 및 기술 방법

둘째, 시술자

셋째, 고객

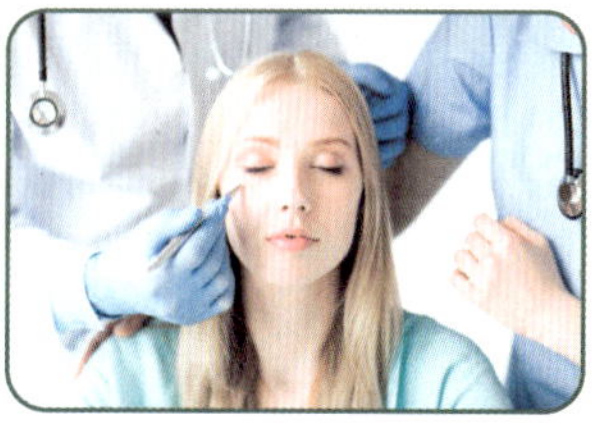

고객을 받기 위해 주위환경을 좋은 상태로 세척, 소독하여야 하며, 일반적으로 다음과 같은 권장 사항을 따라야 한다.

① 복장 : 1회용 가운, 장갑, 특수 신발 등

② 청소는 아래쪽에서 내부 상단 및 밖으로 진행하여야 한다.

③ 젖은 천과 걸레로 청소해야 한다.

④ 청소 도중에 절대로 먼지 등을 털지 않는다.

⑤ 신체접촉이 잦은 스위치, 초인종, 전화와 같은 특별한 주의가 요하는 곳에는 지속적으로 관리해야 한다.

⑥ 청소는 불결함이 보일 때마다 자주자주 실시하고, 광범위하고 철저한 세척 또한 일상적인 관행과 함께 실행되어야 한다.

⑦ 알데히드 세척제는 소독하는데 사용하고, 음이온 세제는 표백제로 쓰인다. 표백제를 사용할 때에는 금속표면이나 일부 플라스틱 및 고무에 사용을 금하며, 소독제품을 사용할 때는 반드시 혼합하여 사용하되 사용 후 즉각 씻어내지 말고 일정시간 표면에 남아 있도록 둔다.(모든 소독 및 표백 제품은 제조업체의 지침에 따라 사용한다)

⑧ 모아둔 폐기물들은 쓰레기 봉투에 담고 밀봉한 다음 폐기물 처리한다.

⑨ 사용한 소독 및 청소 제품들은 깨끗하게 처리하여 보관하고, 다시 사용할 준비를 갖춰야 한다. 또한 해당제품이 소진되었는지에 대하여 항상 체크하여야 한다.

2 _ 메디 컨투어 Make-up전 준비조건

① 독립된 장소로서 칸막이 시설이나, 룸을 준비하여야 한다.

② 깨끗하고 깔끔해야 한다.

③ 기술자의 용이성을 위해 휴대용 베드를 적당한 곳에 배치한다.

④ 돋보기 또는 백색 조명 램프를 사용한다.

⑤ 기술자가 가장 편안한 자세로 시행할 수 있는 등 받침이 있고 높낮이 조절이 가능한 의자를 준비한다.

⑥ 페달이 있는 쓰레기통을 준비한다.

⑦ 청소하기 쉽고 움직일 수 있는 작업대를 준비한다.

⑧ 벽거울과 손거울을 준비한다.

⑨ 기술자가 Make-up을 실행할 때 물과 함께 세척할 수 있는 세면대를 준비한다.

⑩ 처분이 가능한 일회용 종이 및 타월을 준비한다.

⑪ 쓰레기를 버리기 위하여 쓰레기통을 기술자 가까운 곳에 배치

3 _ 메디 컨투어 Make-up 시 필요한 소모품들

① 의료 테이블에 씌울 일회용 시트(부직포)
② 색소와 유형에 따른 멸균된 카트리지
③ 살균된 일회용 용기
④ 단일 용도로 사용한 색소 보관 팩
⑤ 연고 또는 로션 및 진정제
⑥ 특정 화장품
⑦ 거즈
⑧ 티슈
⑨ 헤드커버
⑩ 일
⑪ 일회용 마스크
⑫ 일회용 무균 장갑

4 _ 메디 컨투어 Make-up 후 마무리 절차

① 청소 및 소독에 적합한 복장(가운, 장갑 등)
② 모든 일회용 액세서리를 제거하고 특정 용기에 폐기
③ 기기의 살균에 필요한 모든 제품과 장비 준비
④ 감염을 피하기 위해 보다 철저한 소독 필요
⑤ 모든 살균한 성분 및 부속품을 완벽한 장소 또는 용기에 보호
⑥ 일회용이 아닌 기기는 깨끗하게 청소 후 소독
⑦ 일회용 카트리지는 사용 후 반드시 폐기
⑧ 이미 사용한 일회용 재료, 카트리지는 해당 폐기용기에 넣어 처리
⑨ 장갑, 마스크, 거즈, 및 가운 등은 안전하게 밀봉하여 폐기 처분

C·H·A·P·T·E·R

Medi Contour

08 보건위생 및 안전대책

카트리지 사용으로 인하여 체액과 접촉되는 부분에 대하여 시술자는 전체적으로 안전한 환경에서 일해야 한다. 그것은 모든 필요한 보호 및 예방책을 따르는 것이므로 매우 중요한 사항이다.

1 _ 예방접종

메디 컨투어 Make-up 아티스트는 필요한 모든 백신접종을 시행하여야 하며, 최신 백신 주사를 접종한다. 특히 B형 간염과 파상풍에 대한 예방접종은 작업환경에 따른 건강과 안전을 위하여 필수적이다.

2 _ 창업교육

메디 컨투어 Make-up 창업과 관련하여 개인과 고객의 건강을 위한 실천으로 현지법에 의한 안전교육이 반드시 필요하며, 그러한 목적을 위해 특정 교육과정에 참석해야 한다. 이러한 조건은 다른 나라에서 창업을 하는 경우에도 유효하다.

3 _ 적절한 복장

① 메디 컨투어 Make-up 아티스트는 안락하고 활동이 편한 복장을 사용한다.
② 신발은 외부의 먼지, 진드기 등의 오염물질을 유입 후 전파한다. 따라서 작업환경에서 사용하는 신발은 별도로 준비하여야 한다.
③ 메디 컨투어 Make-up 아티스트는 고객에게 세균을 전파시킬 수 있는 시계, 팔찌, 반지 등의 액세서리 등을 착용해서는 안 된다. 그러한 액세서리는 작업 환경에서 방해 요소가 될 수 있다.
④ 디지털 Make-up 아티스트는 각각의 일회용 커버를 착용한다.(장갑, 마스크, 머리캡 등)

4 _ 보호의복

보호의복은 감염에서 의류, 팔 및 목을 보호하기 위해 가능한 사용해야 한다. 보호의복은 가운, 작업복, 실험실 외투, 임상 재킷 또는 유사한 것들이 포함되며, 훼손 및 오염 되거나 더럽혀지지 않는 한 하루 종일 이용할 수 있다.

체액으로 오염된 보호의복은 밀폐 봉지에 봉인하고 고온에서 세탁해야 한다. 그것은 오염이 확산될 수 있으므로 오염된 보호의복은 작업환경 밖에서 사용할 수 없다. 이러한 보호의복을 벗고 나면 노출된 신체 부위에 모든 기기 및 본체 부품과의 접촉을 피해야 한다.

5 _ 일회용 작업복

일회용 작업복은 작업자의 의류 전체를 덮도록 사용한다. 이것은 방어 방벽을 형성하여 제복으로 세균 전송의 가능성을 감소시킨다. 보통 셀룰로스라 불리는 섬유소 및 플라스틱으로 만들어지며, 사용된 후에는 나머지 찌꺼기들과 함께 폐기처분하여 버린다.

6 _ 손 세척

메디 컨투어 Make-up 아티스트는 일회용 장갑 착용 전에 가급적이면 온수 및 항균성 비누로 손을 깨끗이 씻어야 한다. 이러한 절차는 또 다른 사람에게로 미생물 전파의 위험을 방지한다.

박테리아는 두 가지 유형의 피부에 존재할 수 있다.

- 일시적 박테리아
- 지속적 박테리아

장갑의 열과 습기는 박테리아 발달에 이상적인 환경을 제공한다. 따라서 장갑 착용 후에 손을 세척하는 것이 무엇보다 중요하다.

7 _ 손 세척 방법

① 손가락 사이사이의 접촉 부분은 미생물이 번식하기 쉬운 환경이므로 구석구석 깨끗하게 세척한다.

② 수도꼭지를 열고 적당한 온도의 흐르는 물에 씻는다.

③ 손목 아래의 손이 더 많이 오염되므로 팔꿈치보다 손을 아래로 향하게 하고 물이 손가락 끝으로 흐르게 하여 세척을 한다.

④ 손은 10 ~ 30초 이상 세척해야 한다.

⑤ 손톱 밑 청소에도 특별히 신경을 쓴다.

⑥ 세척과정을 거치면서 손에서 분리된 박테리아 및 세균 먼지 등을 깨끗하게 헹구는 과정을 통하여 수채로 흘려 내보낸다.
⑦ 오염된 손의 직접적인 접촉을 피하기 위해 페달장치 또는 자동장치가 되어 있는 수도꼭지를 사용해야 한다.
⑧ 사용한 종이 타올을 버릴 때는 쓰레기통을 직접적으로 만지는 것을 피하기 위하여 페달 방식의 쓰레기통을 준비한다.

8 _ 장갑의 사용

여러 가지 이유로 장갑의 사용은 중요하다.

첫째, 혈액, 체액, 분비물, 점막을 만질 때 손에 도달하는 오염된 물질을 막아주는 보호 장벽 역할을 한다. 따라서 병원균 감염에 대한 노출의 위험을 감소시킨다.

둘째, 고객의 점액을 분비하는 세포막이나, 상처 난 부위를 직접 만질 필요 없이 작업을 수행할 수 있다. 또한 작업도중에 고객이나 기술자의 손에 존재할 수 있는 미생물의 전이를 줄이기 위해 장갑을 사용한다. 반면 작업을 수행하는 도중 장갑이 훼손되거나, 오염되었을 때는 즉시 교체하여야 한다.

사용된 장갑을 벗은 후에는 손에 상처 부위가 없는지 확인하여야 하며, 한번 사용한 장갑은 두 번 이상 사용할 수 없다. 재사용의 목적으로 장갑을 씻거나 소독하는 일은 절대로 금하며, 작업환경 안에서 처리하여야 한다. 마지막으로 사용한 장갑을 처리한 후 손을 철저히 씻어야 한다.

장갑은 더럽혀지거나, 찢겨진 경우에는 즉시 폐기해야 한다. 안전을 위하여 장갑을 재사용하면 안 된다.

9_마스크와 눈 보호

입을 통하여 나오는 세균을 통한 감염을 방지하기 위하여 마스크를 반드시 착용해야 한다. 그리고 마스크는 일회용을 사용하고, 사용하고 난 후에는 폐기되어야 한다.

또한 모든 종류의 세균에 대한 전이가 눈을 통하여 발생할 수 있기 때문에 눈을 보호하는 고글이나 보안경을 착용하는 것 역시 중요하다.

눈, 코, 구강을 통하여 감염 가능성이 있는 위험을 예방하기 위하여 마스크와 보호안경 사용은 필수적이다.

10_고객을 위한 위생준비

고객은 기술자와 마찬가지로 가능한 모든 감염으로부터 보호되어야 하며, 고객의 안전은 처음부터 끝까지 유지되어야 한다.

① 귀걸이, 목걸이, 안경 및 콘택트 렌즈 제거
② 머리를 보호하기 위해 일회용 캡을 사용
③ 감기를 막기 위한 적절한 온도의 작업환경과 맨발 착용을 위한 일회용 덧신 사용
④ 체온을 유지하기 위한 커버 또는 전기 담요 사용
⑤ 신체구조상 몸을 편안한 자세로 유지하기 위한 다양한 베개 사용(다리, 허리 또는 머리)

고객에 대한 모든 절차가 준비되고 나면, 침대에 눕히고, 화장을 제거한 후 소독용 로션으로 깨끗하게 소독한다.

CHAPTER

Medi Contour

09 폐기물 관리

1_ 폐기물의 정의

환경보호 대책으로 사람과 그 환경에 대하여 위험이 되는 생물학적 폐기물 관리는 세계적인 최우선 과제이다.

공중위생의 폐기물 역시 예외는 아니다. 따라서 고급 폐기물 관리의 국제규격이 설립되어야 하며, 공중위생의 폐기물은 도시의 쓰레기보다도 더 위험하다. 잠재적으로 더 위험한 폐기물로 분류된다.

2_ 폐기물 관리작업

① 폐기물 수집 및 운반
② 폐기물이 생성된 곳 이외의 정해진 장소에 보관
③ 폐기물을 제거하기 전에 종류를 분류하고 평가
④ 폐기물의 평가 및 제거작업은 지역사회 기관의 승인을 받아야 함
⑤ 모든 폐기물은 관리자의 관리감독 하에 밀봉한 후 제거한다.

3 _ 도시 폐기물

• 그룹 1

본래 비활성인 도시 폐기물로서 특별한 구성을 포함하지 않는다. 이 폐기물의 유형은 마분지 종이, 사무실, 부엌, 막대기, 군매점, 작업장 등 위생 폐기물에서 파생하지 않는 물자를 포함한다.

• 그룹 2

혈액분비물 및 배설물로 더럽혀진 물자, 백묵, 의류 및 일회용 품목을 포함한다. 위험한 위생폐기물의 종류에 포함되지 않는다. 하지만, 혈액 및 배설물 분비로 더럽혀진 붕대, 부대, 조사, 압착기, 면, 가제, 작은 유리병, 앰플, 가면, 고약, 피펫, 주사통, 석고상, 작은 접시, 장갑, 투석 여과기, 관, 외과적 일회용품 및 다른 어떤 물자는 재활용 할 수 없는 폐기물이다.

4 _ 위생 폐기물

• 그룹 3

위생 폐기물은 보건서비스 센터의 시설에 의하여 처분하여야 한다.

메디 컨투어 Make-up에 의해 생성한 위생폐기물, 즉 모든 절단 및 찌른 품목은 잠재적인 감염 전송 위험이 있는 것으로 고려되어 특정한 위생폐기물로 분류하여야 한다. 그러므로 지역사회법은 이 폐기물 처리를 승인하여야 한다.

이러한 폐기물 관련 법령의 목적은 재활용 및 평가의 다른 양식을 추진하고, 국가와 유럽 연합(EU)의 기준 및 폐기물 생산과 관리를 위한 법적 시스템에 따라 관할 지역의 법률을 수립하는 것이다. 이 법률은 환경과 인간의 건강을 보호하기 위한 규정으로도 간주된다.

폐기물 관리 작업은 인간의 건강에 위험이 없으며 환경에 해를 미치지 않는 방법을 사용하여 실시해야 한다. 폐기물의 해체 및 혼합처리, 밀봉하지 않은 상태에서 처리하거나 제거는 금지된다.

10 폐기물 분류

폐기물이 작용하여 공중위생에 위험요소로 작용할 지도 모르기 때문에 해당 국가기관 센터에서 그 폐기물을 수집, 저장, 수송절차 처리를 위해 특별한 예방 조치를 하는 특별한 폐기물이다. 이러한 폐기물은 혈액과 액체 모양의 유해물, 바늘 및 절단 또는 날카로운 품목, 주사기와 같은 찌르는 도구, 해부 잔류물, 생물학적 접종에 사용된 전염성 있는 실험도구 및 실험용 동물과 같은 전염성 있는 폐기물이다.

메디 컨투어 Make-up 작업 후에는 그룹 3에 포함되는 위생 폐기물을 생성한다. 메디 컨투어 Make-up 아티스트는 병리학적이고, 전염성이 있는 특별한 폐기물과 그 처리법에 대하여 알아야 한다.

① 그들은 도시 폐기물과 함께 관리할 수 없다.
② 그들은 법에 따라 유해 폐기물로 분류된다.
③ 그들은 일반적으로 소각에 의해 처리된다.
④ 아래 항목 또는 제품이 그들에 포함된다.

- 카트리지
- 혈액 및 체액이 묻은 솜 및 면봉 등 폐기물의 각 유형은 수집, 운송 및 처리는 허가 받은 기업에 의해 관리된다.

C·H·A·P·T·E·R

Medi Contour

11 안전한 폐기물 처리대책

1 _ 폐기물 처리 규범

① 기존의 분류에 따르면, 같은 용기에 폐기물 그룹을 혼합하지 않는다.

② 바늘 및 절단기와 같은 날카로운 폐기물을 처리할 때 봉지에 담아 처분하는 것은 대단히 위험하다. 따라서 바늘케이스와 같은 해당 용기에 담아 폐기처리 한다.

③ 모든 직원이 B형 간염과 파상풍 예방접종을 해야 한다.

④ 폐기물 처리 작업을 완료하였거나, 다른 활동으로 바꾼 후 손은 깨끗이 세척한다.

⑤ 폐기물 용기에 내용물을 넘게 담지 않아야 한다.

⑥ 용기에 담긴 폐기물이 다른 용기 또는 가방으로 옮겨져서는 안 된다.

⑦ 폐기물을 담은 용기를 아무 곳에 두어서는 안 된다.

⑧ 사고의 경우 즉시 담당 의사에게 문의하십시오.

04

색채학

C·H·A·P·T·E·R

Medi Contour

01 메디 컨투어 Make-up을 위한 색채학

• 고객 맞춤형 Make-up 실현

고객에게 맞는 색상을 찾거나 잘못된 Make-up을 수정하기 위해서는 피부 색채의 기본 원리를 이해하고 그 원리를 기초로 적절한 색소를 선택하여야 한다.

1 _ 색과 색채의 정의

• 색

빛이 물체에 닿았을 때 반사, 흡수, 투과되는 현상 중 우리 눈에 인식되는 것

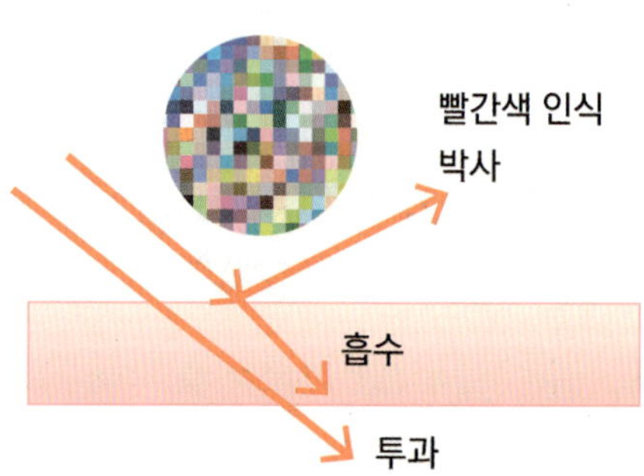

• 색채

빛의 색이나 물체 표면에 반사광을 적절한 광합 장치들로 한정된 객관적인 판단의 색

2_ 색채의 활용

천연색소의 배합률에 따라 다양한 색을 연출할 수 있다.

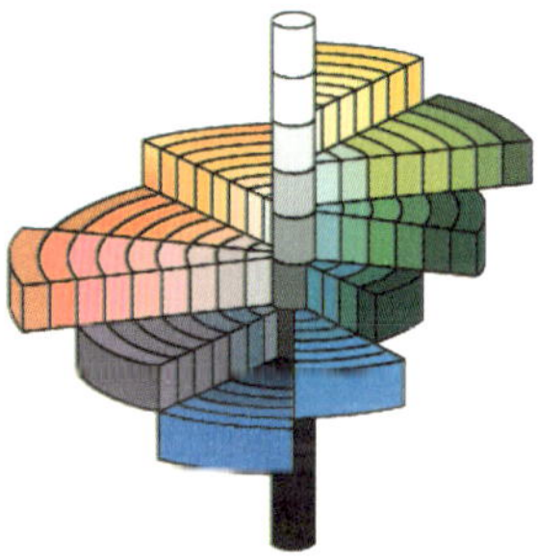

3_ 색의 구분

(1) 무채색

① 특정 색이 없는 흰색, 회색, 검정색

② 3원색(빨강, 노랑, 파랑)을 섞으면 무채색이 된다.

③ 명도와 가장 관계 깊은 색

(2) 유채색

① 무채색을 제외한 색의 기미를 띠는 색

② 명도, 채도, 색상 모두 갖는다.

C·H·A·P·T·E·R

Medi Contour

02 색의 3속성

1_색상

빛의 파장 중 우리 눈으로 볼 수 있는 가시광선이다.

명도나 채도에 관계없이 색이 구별되는 성질을 색상이라고 한다.

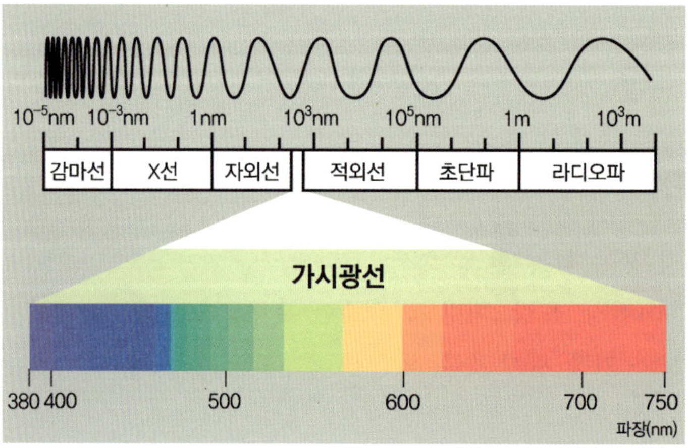

2 _ 명도

색의 밝고 어두운 정도를 말한다.(모두 흡수하면 검정, 모두 반사하면 흰색)

• 적용 : 그라데이션

3 _ 채도

색의 맑고 탁한 정도를 말한다.

선명도(다른 색을 섞을수록 색의 채도가 떨어진다)

빨강(채도) ↑ + 흰색 = 분홍(채도) ↓

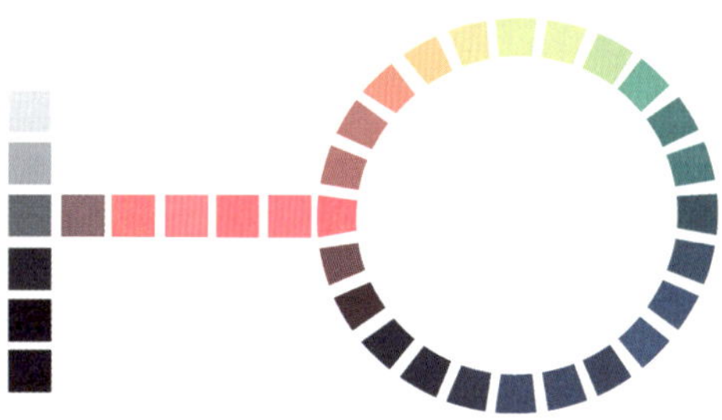

C·H·A·P·T·E·R

Medi Contour

03 색의 3원색

• 색의 3원색

빨강(red), 파랑(blue), 노랑(yellow)

물감, 인쇄잉크의 기본이 되는 색으로 색의 3원색을 섞으면 검정이 된다.

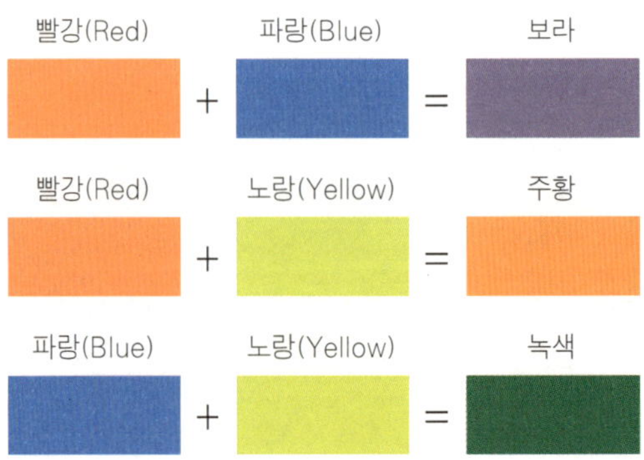

C·H·A·P·T·E·R

04 색의 대비효과

색에는 각각의 느낌과 심리적인 효과가 있다. 여러 색을 동시에 보거나 순차적으로 볼 때 단일 색을 볼 때와는 다른 느낌의 색으로 지각된다.

• 색상대비

주변 색에 의해 그 색상이 다르게 보이는 현상

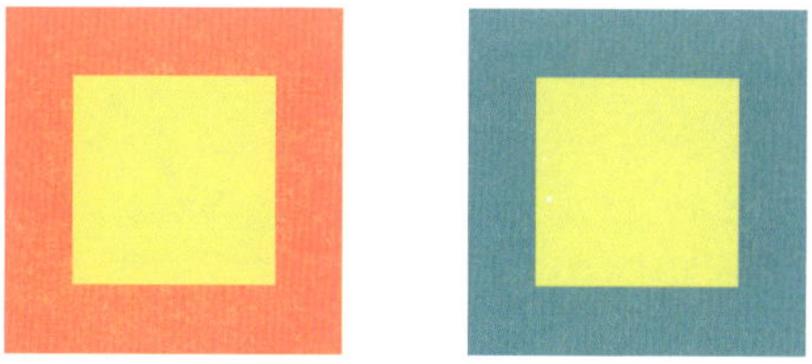

• 명도대비

명도가 다른 주변 색 위에 같은 색의 명도가 다르게 보이는 현상

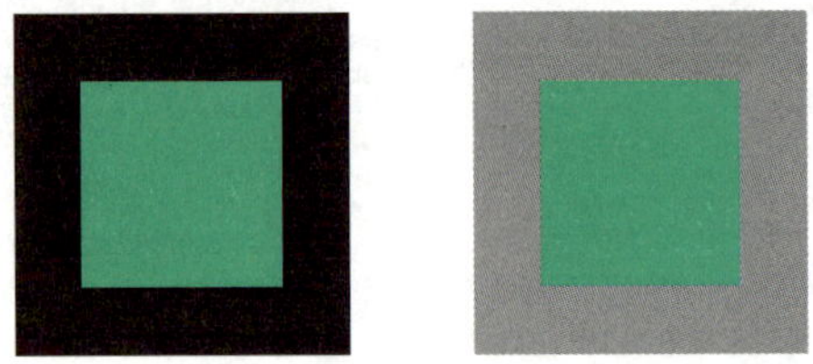

• 채도대비

채도가 다른 주변 색 위에 같은 색의 선명도가 다르게 보이는 현상

• 보색대비 1

색상대비 중에서 서로 보색이 되는 색이 나타내는 대비효과

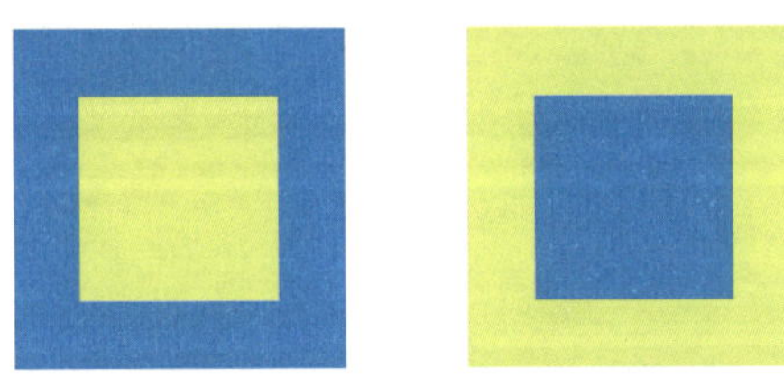

• 보색대비 2

보색이란 서로를 보조해주는 색이라는 의미로서 보통 색상환의 위치에서 서로 반대쪽에 위치. 두 색의 혼합 시 무채색이 된다.

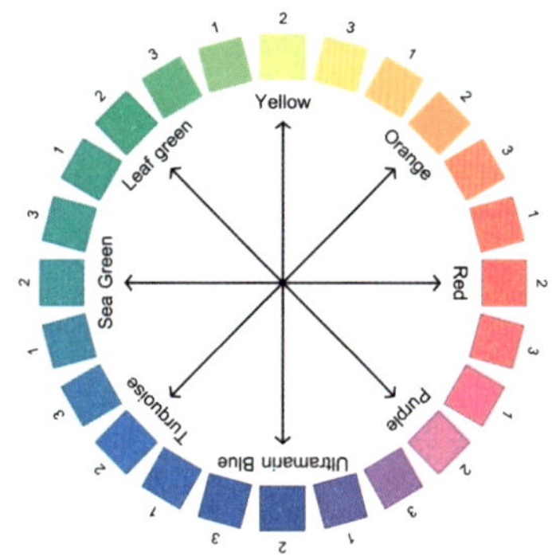

• 면적대비

같은 색이라도 면적이 넓으면 색채가 실제보다 밝고 선명하게 보이는 현상

C·H·A·P·T·E·R

Medi Contour

05 색의 보색

• 따뜻한 느낌(난색)

적색, 주황색, 노랑색 등 건강하고 자극적으로 심리적인 여유

• 차가운 느낌(한색)

청색, 보라색, 녹색 등 차분하고 침착하며 이지적인 느낌

• 중성계

연두색, 녹색, 보라색, 자주색 등 중용적으로 보이며 고요한 느낌

• 보색

서로 정반대의 색이며, 강력하고 동적이며 생생한 느낌이 든다.
보색을 섞으면 검정이 되며 어둡게 된다.

• 배색

두 가지 이상을 합하여 나온 색

- 동일한 색상 배색 : 명도와 채도가 다른 배색이며, 안정성, 품위 있는 조화, 어른스러움이 느껴진다.
- 유사 색상 배색 : 색상환에서 가까운 색상끼리의 배색이다.(오렌지와 황록색). 느낌은 무난하며 안정성이 있고 친근감이 있다.
- 무채색과 유채색의 조화 : 조화하기 쉽고, 흰색이나 검정은 어떤 유채색과도 조화가 잘 된다.

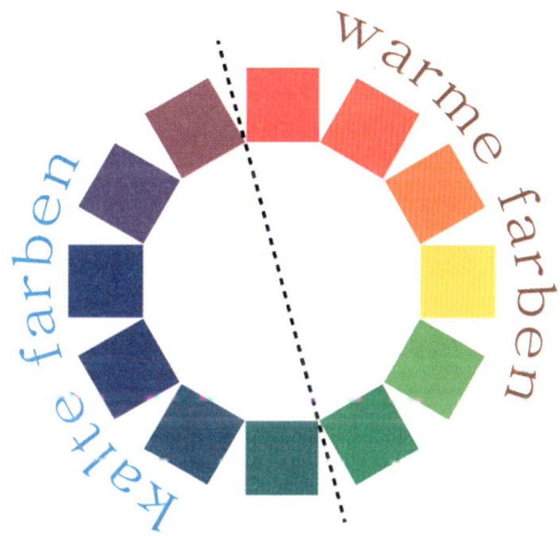

C·H·A·P·T·E·R

06 색이론

1 _ 컬러 사이클(Color circle)

메디 컨투어 Make-up을 성공적인 결과로 매듭짓게 하기 위해서는 명확한 색이론 지식을 갖추어야 한다.

색과 색이 결합할 때 일어나는 반응을 이해하는 것이 기본적이라 할 수 있으며 지식과 이론만이 테크니션이 색 선택을 완벽하게 할 수 있도록 해준다.

(1) 제1차 색상(Primary colors) - 원색

모든 색들은 제1차적 색상이라 하는 기본 색들로부터 이루어진다. 즉 3원색 red, yellow, blue들이 이들이며 이 색들은 모든 색들의 근원이 되는 색으로 이로부터 발현되기 때문에 원색이라 부른다.

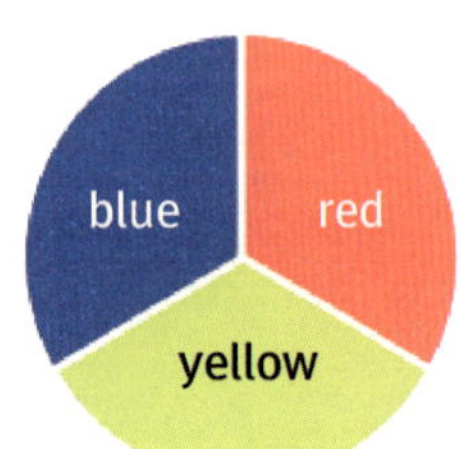

(2) 제2차 색상(Secondary colors)

2가지의 원색을 혼합한 것이 2차 색이다.

원색들 중 두 색이 같은 비율로 혼합될 때 하나의 색이 새롭게 만들어진다.

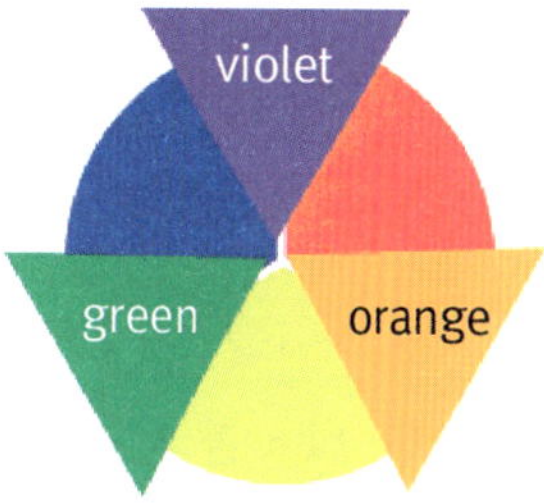

- red + yellow = orange
- yellow + blue = green
- blue + red = violet

(3) 제3차 색상(Tertiary colors)

제1차 색, 즉 원색과 제2차 색이 동량으로 혼합되어 생긴 색을 제3차 색이라 한다.

- yellow + green(yellow+blue) = yellow green
- blue + green(yellow+blue) = blue green
- blue + violet(blue+red) = blue violet
- red + violet(blue+red) = red violet
- red + orange(red+yellow) = red orange
- yellow + orange(red+yellow) = yellow orange

이 색들을 결합, 즉 제1차 색, 제2차 색, 제3차 색들의 결합을 완전히 이해한다면 모든 색상의 문제들을 정확히 해낼 수 있다.

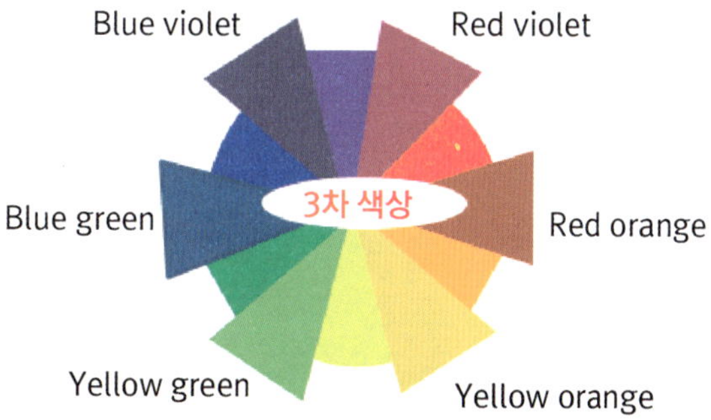

(4) Black와 Brown colors

① 삼원색을 동일 양으로 혼합하면 black이 된다.
② 삼원색을 동일하지 않은 양으로 혼합하면 brown이 된다.
③ 갈색의 색조는 원색 배합 비율에 따라 다양하다.
④ red를 더 많이 사용하면 brownish red
⑤ blue를 더 많이 사용하면 dark brown
⑥ yellow를 더 많이 사용하면 light brown

(5) 색의 깊이

색의 깊이란 실제적인 밝기와 어두움(명암)을 나타내는 것을 이른다.

검은색을 많이 사용하면 그 색조는 어두운 색을 띠고, 흰색을 많이 사용하면 그 색은 그만큼 밝은 색을 띌 것이다. 어두운 색일수록 밀도가 높고 밝은 색조가 혼합될 때 보다 더욱 빠른 속도로 색을 변화시킴을 염두에 두어야 한다. 보다 밝은 색으로 시작하여 한번에 한 방울씩 보다 어두운 색으로 만들어가며 원하는 색상을 만들도록 하자.

2 _ 눈썹 보정(Eyebrow corrections)

(1) 붉은 눈썹 수정

눈썹이 붉은색을 띤 핑크계열로 퇴색되었을 경우에는 Green계열의 색소를 사용한다. 갈색 눈썹을 만들기 위해 녹색의 올리브색과 카키색으로 사용한다.

(2) 푸른 눈썹 수정

푸르스름 하게 퇴색되었을 경우에는 Orange 계열의 색소를 사용하여 수정한다.

푸른빛을 띤 회색 또는 회색 눈썹은 노랑, 주황색 계열의 색소 사용으로 따뜻한 색상을 나타낸다.

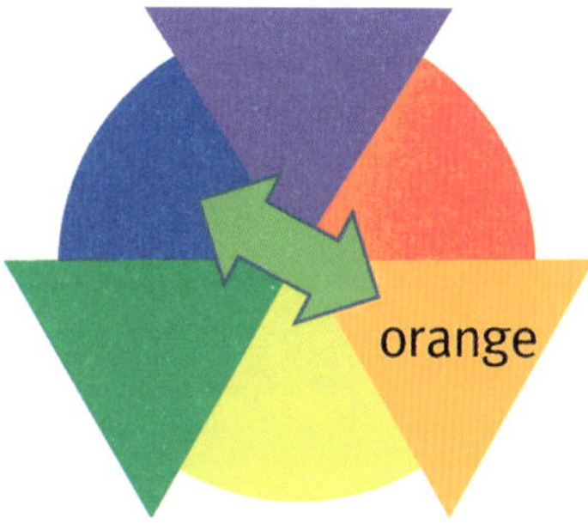

(3) 녹색 눈썹 수정

녹색으로 퇴색되었을 경우에는 붉은 눈썹을 수정할 때와 반대로 따뜻한 주황이나 붉은 계열의 색소를 사용하여 차가웠던 눈썹을 따뜻한 이미지로 수정하여 준다.

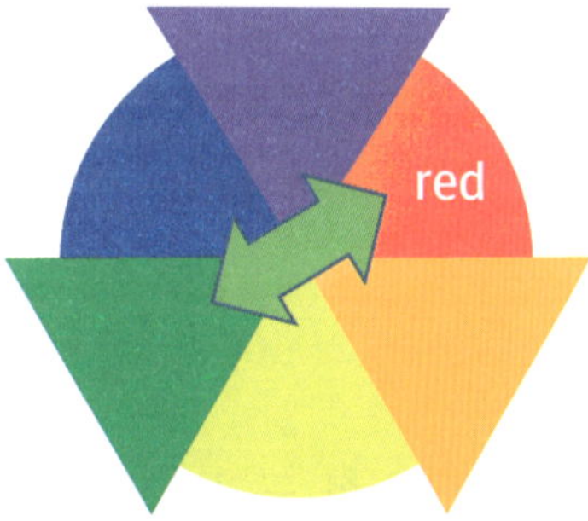

07 컬러를 이용한 이미지 메이킹

고객의 연령, 성별, 직업, 취향과 시대적 트랜드에 맞게 적절한 컬러를 이용하여 다양한 이미지를 연출할 수 있으며 그로 인해 고객은 자신의 콤플렉스가 감소되고 개성을 살려 자신감을 높일 수 있다.

1_컬러 진단의 목적

자신에게 맞는 퍼스널 컬러를 찾아 긍정적인 외모로 개선시켜 자신감을 갖게 하고 타인과 차별화된 자아를 발견함으로써 심리적 만족감을 얻을 수 있게 한다.

2_컬러 진단의 요소

피부색, 모발 색, 눈동자 색과 기타 등등

3_ 컬러 진단방법

① 화장하지 않은 맨 얼굴에서 시작
② 자연광이나 자연광에 가까운 조명
③ 흰 타올이나 흰 가운으로 의상을 가린다.

4_ 컬러 진단결과

① 어울리는 색이 얼굴에 나타나는 반응

- 피부색이 화사하고 건강하게 보인다.
- 얼굴이 부드럽고 젊게 보인다.

② 어울리지 않는 색이 얼굴에 나타나는 반응

- 피부색이 칙칙하고 누렇게 떠 보인다.
- 인상이 강하게 보인다.

MEDI CONTOUR

Theory

05

색소학

C·H·A·P·T·E·R

Medi Contour

01 색소의 색상과 피부 톤

1 _ 색소의 성분

Tattoo Pigment Chart	
White	• Titainium dioxide • Zinc oxide • Barium sulfate
Black	• Carbon • Iron oxide Fe_3O_4
Brown	• Iron oxide Fe_2O_3(Ochre)
Blue	• Cobaltousaluminate
Yellow	• Cadmium sulfide • Iron oxide
Violet	• Manganese oxide
Red	• Mercuric sulfide(Cinnabar) • Cadmium selenide • Alizarin
Green	• Chromic oxide • Chromium seaquioxide

색소는 산화철과 탄소로 이루어진 가루이다. 이 가루에 여러 가지 성분을 섞어 색소를 만들게 되는데 그 성분은 다음과 같다.

- 산화 철분
- 글리세린
- 알코올
- 살균 처리된 물

메디 컨투어 Make-up에 가장 많이 쓰이는 색소는 합성된 산화황산으로 자연적인 색깔에 가깝다. 이 합성 산화황산에 여러 가지 미네랄을 섞어 화사한 색의 색소를 만들게 된다.

Pigment의 입자는 6micron 이상이 되어야 확산을 막을 수 있다. 색 가운데 알레르기 반응이 잘 생기는 색상은 Green, Blue, Yellow, Red Black, White가 있다. 색소를 사용할 때는 되도록 같은 회사에서 나온 색소를 섞어서 사용하도록 하며, 리터치 시에도 첫 번째 사용한 색소와 같은 회사의 것을 이용한다.

2 _ 색소의 색상 구분법

색소의 색상을 구분하기 위해서는 1드롭 정도의 색소를 흰 종이 위에 떨어뜨린 후 물을 한 방울 떨어뜨려 보면 알 수 있다.

3 _ 산화철의 특징

검은색과 푸른색의 산화철은 가장 무겁고 피부에 오래 남으며 노란색의 산화철은 가볍고, 흰색은 투명하여 피부를 떠 보이게 한다. 또한 검은색 산화철은 시간이 지나면서 푸른빛이 도는 회색으로 변할 수 있다. 산화철은 크기가 피부 분자 보다 커서 피부 안을 떠돌아다니지 않으나 인도산 잉크, 숯 등은 색소 분지가 피부분자보다 작아서 피부 안에서 움직일 수 있고 시간이 지나면서 색소의 변색을 초래한다. 보편적으로 피부 속에서 가장 안정적으로 자리잡을 수 있는 색소 분자는 6 ~ 10micron 이상이어야 한다.

4 _ Warm or Cool

Green(cool)과 Yellow(warm) 색조의 컬러를 고객의 손목 안쪽 피부에 잘 문질러 보면 한가지 색상은 피부에 잘 어울릴 것이다. 이 조화 현상을 통하여 고객의 피부 바탕 색조가 차가운 톤인지 따뜻한 톤인지를 알 수 있게 된다. 피부색조가 황색과 잘 어울리면 그 피부는 따뜻한 톤이고 이 때 찬 색조의 컬러를 사용하면 피부를 통해 뚜렷하게 그 색이 들어날 수 있다. 그러므로 피부색감과 반대되는 색감을 가진 색조를 선호하게 된다.

5 _ 알레르기 반응 테스트(Patch test)

Make-up 하고자 하는 부위에 미리 테스트를 하는 것은 매우 의미 있는 일이다. 알레르기 반응뿐만 아니라 색상의 변화가 일어날 것인가의 여부를 알 수 있기 때문이다. 알레르기 반응 테스트는 실제 Make-up 시행 1주 전에 Make-up 하고자 하는 부위에 작은 점만한 크기의 부위에 약간의 색을 넣어 시험해보는데 1주가 지난 후 피부의 색상과 원래 색소의 색상을 비교하여 원래 색소의 색보다 잿빛으로 변하였다면 고객의 색조는 강한 청색 색조를 띄고 있는 것이 된다. 이럴 경우 따뜻한 색의 색소를 선택하여 메이크업 하면 색상이 변하는 것을 방지할 수 있게 된다. 또한 메이크업 부위가 붉게 부어올랐다거나 수포 등의 물집이 생겼을 경우 메이크업을 고려하여야 한다.

02 색소 선택 및 수정 전 체크사항

1_색소 선택 전 체크사항

① 천연색소 여부
② 성분표시 확인
③ 더마테스트 여부
④ 인증서 확인
⑤ 소규모 단위의 포장(위생)
⑥ 피부에 직접 테스트
(점성, 흡수력, 입자크기 등 체크)

2_수정 전 체크사항

원인 분석이 우선이다.
① 기존 착색의 잔여색 여부 확인
② 성분(화학색소)으로 인한 산화의 문제점 확인

③ 잘못된 메이크업으로 인한 진피층 착색 여부 확인

④ 레이저 시술로 인한 문제점 여부 확인

⑤ 자외선으로 인한 피부변색 여부 확인

3 _ 피부 속 색소 수정의 진행과정

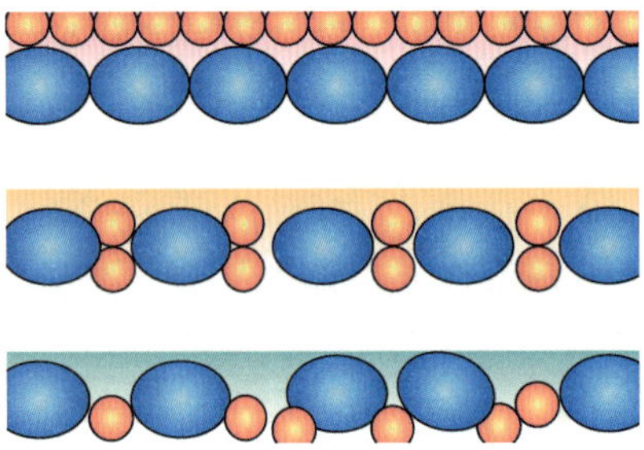

교정 색상 적용 후 모습

30일 후 변화 모습

몇 개월 후 변화 모습

03 색상 수정 및 수정 사례

1 _ 기본 중화 방법

• 원인 분석에 따른 색수 선택

① 기존 착색의 잔여색(붉은색, 푸른색 등)이 남은 경우

② 색소 성분이 산화된 경우

③ 진피층으로 착색된 경우

④ 레이저 시술로 인한 경우

⑤ 자외선으로 인한 피부 변색의 경우

2 _ 수정 메이크업 사례

① 붉거나 푸르게 변한 눈썹 사례

② 얼룩진 눈썹

③ 여러 색으로 얼룩진 눈썹

④ 푸른 아이라인

⑤ 컬러가 번진 아이라인

⑥ 얼룩지거나 색이 바랜 입술

MEDI CONTOUR

Theory

06

상담 마케팅 기법

01 고객 상담의 필요성

1 _ 고객상담

고객의 포괄적인 상담을 하는 것은 매우 중요하다.

고객이 원하는 모양과 컬러에 대하여 충분한 설명을 한 후에 혹시 본인도 모르는 질병을 가지고 있는지 잘 체크하여야 한다.

2 _ 고객차트

고객에게 좀 더 나은 메이크업을 하기 위하여 메디 컨투어 Make-up 아티스트는 반드시 알아야 할 고객 정보를 사전에 수집하고 기록하는 양식이다.

정확하고 상세한 차트 기록은 메이크업 결과에 상당한 영향을 미치며, 고객에 대한 친밀감이 형성되어 평생고객이 된다.

3 _ 차트작성의 필요성

• 성공적인 메이크업을 위한 정보수집은 기본이다.

① 성별과 연령대

② 질병과 수술여부

③ 기존 메이크업 여부

④ 레이저 시술 여부

• 고객불만을 최소화한다.

메이크업 과정을 기록하고 관리함으로써 고객에 대한 불만을 해결하기 위한 기초 자료로 활용하게 된다.

• 다양한 정보제공과 관리로 안정적 매출이 보장된다.

① 새로운 정보 상시 제공

② 무료 세미나 및 각종 이벤트 우선 초대

③ 향후 리터치 시기 미리 통보

4 _ 상담일지

<table>
<tr><td colspan="4">상 담 일 지
NO ______</td></tr>
<tr><td>이 름</td><td></td><td>휴 대 폰</td><td></td></tr>
<tr><td>생년월일</td><td></td><td>e-mail</td><td></td></tr>
<tr><td>성 별</td><td></td><td>소 개 자</td><td></td></tr>
<tr><td>주 소</td><td></td><td></td><td></td></tr>
<tr><td colspan="4">체크사항
고혈압 ☐ 당뇨 ☐ 심장병 ☐ 혈우병 ☐ AIDS ☐ 간염 ☐
파상풍 ☐ 한센병 ☐ 알레르기체질 ☐ 켈로이드체질 ☐ 헤르페스 ☐ 염증성질환 ☐</td></tr>
<tr><td colspan="2">1차 상담내역</td><td colspan="2">2차 상담내역</td></tr>
</table>

이름, 생년월일, 연락처, 질병여부와 시술에 관련된 색소와 카트리지 사용에 대한 사항을 자세히 기입한다.

C·H·A·P·T·E·R

Medi Contour

02 Make-up 주문서

메이크업을 하기 전에 고객의 취향과 시대의 트랜드에 어울리는 메이크업의 종류나 색상을 메디 컨투어 Make-up 아티스트와 함께 상의하여 선택할 수 있는 안내 및 가격표를 말한다.

1 _ Make-up 종류를 선택하도록 한다.

① 기본형 : 기본적인 눈썹, 아이라인, 입술

② 옵션형 : 눈썹 그라데이션, 자연눈썹, 콤보

③ 메디컬 Make-up : 백반증, 구순구개열, 유두·유륜

2 _ Make-up 색상을 선택하도록 한다.

본인의 피부, 헤어, 기존 Make-up 여부, 직업 등을 고려하여 가장 어울리는 색상을

선택하도록 도움을 줍니다.

3_Make-up 카트리지 선택

고객이 선택한 Make-up 종류에 적합한 카트리지를 선택하여 안내합니다.(일회용 사용으로 인한 안정성 강조)

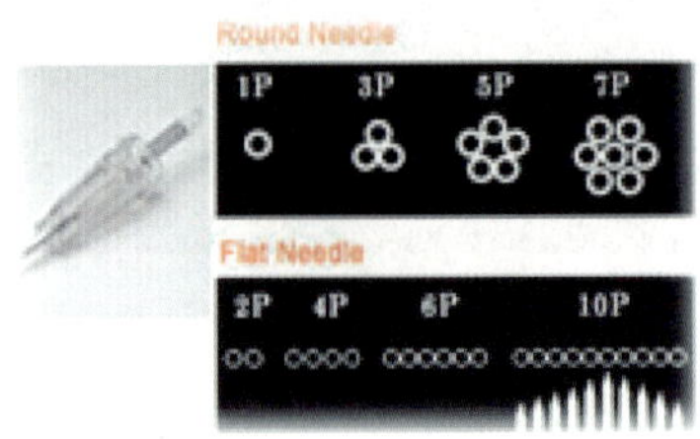

4_Make-up 가격 안내

고객이 선택한 Make-up 종류와 색상, 카트리지와 색소의 결정에 따른 소비자 가격을 안내합니다.

03 Make-up 전, 후 설명과 주의사항

1 _ Make-up 전 충분한 안내를 통하여 고객 안심 유도

Make-up 후 나타날 수 있는 반응에 대하여 안내해 주고 동의서를 받는다. Make-up 후에는 주의사항에 대한 안내문을 전달한다.

2 _ Make-up에 대한 안내문

① 메디 컨투어 Make-up에 대한 안내
② 사용하는 디지털기기 안내
③ 사용하는 천연색소 안내
④ 일회용 카트리지 및 위생에 대한 안내
⑤ Make-up 후 경과에 대한 안내
⑥ 고객 동의서 작성 : 고객과 기술자가 함께 서명한 후 각각 1부씩 보관한다.

3 _ Make-up 전 체크사항

① 아이라인 시술 전 렌즈의 착용 여부 확인
② 임신여부
③ 수유여부
④ 최근 6개월 이내에 피부 절개 시술 확인
⑤ 최근 6개월 이내에 라식, 라섹 수술 여부
⑥ 최근 6개월 이내에 약물 투여 시술 여부

4 _ Make-up 전 주의사항

① 강한 자외선이나 방사선 치료는 금한다.
② 기존 Make-up으로 인한 변색 여부, 흉터 여부, 멜라닌색소 여부를 미리 체크해야 한다.

5 _ 눈썹, 아이라인 Make-up 후 주의사항

① 비누 세안을 피하고, 폼 클렌징을 사용한다.
② 공중시설의 전염이 쉬운 찜질방이나 사우나 이용은 금한다.
③ 색소가 묻어나올 경우에는 반드시 깨끗한 면봉을 이용한다.
④ 메이크업 후 눈이 많이 부은 경우 냉찜질 이용을 권한다.

6 _ 입술 메이크업 후 주의사항

① 절대 손으로 각질을 뜯으면 안 된다.
② 동봉한 에프터 케어 크림으로 촉촉함을 유지하도록 안내한다.
③ 입술에 자극이 될 수 있는 맵고 짠 음식을 자제한다.
④ 술이나 담배를 자제한다.
⑤ 헤르페스 보균자인 경우는 반드시 약을 복용하도록 안내한다.

C·H·A·P·T·E·R

Medi Contour

04 고객 마케팅

1 _ 고객 마케팅의 목적

소비자의 욕구를 파악하고, 그 욕구를 충족시킬 제품을 개발하며, 제품이 주는 편익을 개인이나 조직에게 소개 전달하고, 적절한 시장으로 유통시키는 것. 광고나 홍보, 프로모션 등등 소비자에게 전달하기 위한 모든 활동. 궁극적으로 고객만족이 최대의 목표입니다.

2 _ 고객 의식변화를 위한 전달사항은 필수이다.

① 메디 컨투어 Make-up에 대한 정확한 이해
② 메디 컨투어 Make-up 기기, 색소, 기법에 관한 구체적인 설명
③ 위생적 시술에 대한 안전성

3 _ 메디 컨투어 Make-up의 적용범위

① 메디 컨투어 Make-up의 다양한 대상자

② 메디컬 분야의 무한한 가능성

- 구순구개열 수술 후 색상과 입술선 보완
- 암 수술 후 유두, 유륜 디자인 보완
- 화상 환우의 흉터색상 보완
- 탈모증세에서 부분적 색상 보완

③ 시대적 유행에 맞는 스타일 변화 가능

④ 노화로 인한 얼굴 변형 시 보완

⑤ 잘못된 시술의 보완 가능

C·H·A·P·T·E·R

Medi Contour

05 이윤 추구

1 _ 시장성

남녀노소 누구에게나 적용 가능한 넓은 시장성을 가진 사업으로 고객이 매년 방문이 가능한 사업으로 마케팅 추구한다.

2 _ 이윤의 극대화 요소

① 차트
② 사진
③ 스크랩 작업
④ 다양한 고객층
⑤ 정확한 Make-up
⑥ 판촉물

C·H·A·P·T·E·R

Medi Contour

06 사진 촬영

1 _ 사진촬영의 기본

① 사진촬영의 중요성을 알리고 당당하게 촬영

② 작동이 간편하고 편리한 디지털카메라 준비

③ 흰 가운이나 타올 준비

④ 정면, 측면 사진 한 장씩 촬영

⑤ 항상 똑같은 촬영 환경과 각도로 촬영

⑥ Before & After 사진을 항상 함께 촬영, 보관

2 _ 사진촬영의 필요성

① Make-up 결과에 대한 근거자료가 된다.

② 고객의 불만을 최소화 한다.

③ 다음 Make-up시에 참고자료가 된다.

④ 고객 상담 시에 시각자료가 된다.

⑤ 홈페이지 제작 시에 필수자료가 된다.
⑥ 메디 컨투어 Make-up 아티스트의 경력 자료가 된다.

3_사진촬영의 방법

① 흰 가운으로 고객의 의상을 가리고 이마를 보이게 한다.
② 접사기능에서 줌으로 적절히 당겨준다.
③ 고객의 시선을 15도 각도로 맞춘다.
④ 눈썹, 아이라인, 입술 클로즈업 촬영
⑤ 좌우 얼굴 옆 여백을 똑같이 촬영
⑥ 좌우 수평을 맞춘다.
⑦ 측면 촬영 시에는 1 : 3 기준으로 촬영
⑧ 살짝 눌러서 초점을 맞춘 후 촬영

Part 1 | 실기 이론 및 연습

실기편

MEDI CONTOUR

Practice

01

실기 이론 및 연습

C·H·A·P·T·E·R

Medi Contour

01 10가지 New Technique

① One direction Line : 한 방향 라인

② Back stitch Line : 양 방향 라인

③ One tuch Line : 원 터치 라인

④ Dotted Line : 도트라인

⑤ Spring : 스프링

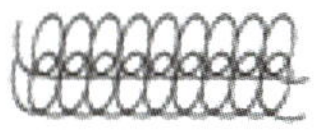

⑥ Point : 포인트

⑦ Cross : 크로스

⑧ Eight : 8자

⑨ Zigzag : 지그재그

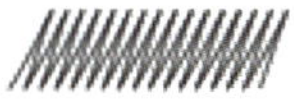

⑩ Fan : 바람개비

02 얼굴의 황금비율

1_ 얼굴의 황금비율

얼굴 각 구성요소의 가장 이상적인 비율을 파악하는 것은 보다 아름답게 메이크업을 하는데 큰 도움이 된다. 얼굴의 황금 분할선이란 간단히 말해 가로분할 3등분과 세로분할 5등분으로 나누는 것이다. 메이크업 전문가는 황금 분할선에 가장 근접하게 수정해 주는 것이 그 사람의 가장 이상적인 균형 비율을 맞추고, 그 사람의 단점을 보완하여 개성 있게 표현해 줄 수 있는 것이다.

(1) 얼굴의 폭

눈의 가로 폭을 1이라 하면 귀에서 눈 꼬리까지의 간격, 눈 꼬리에서 눈앞머리의 간격, 눈과 눈 사이의 간격이 동일하게 하여 전체 폭은 5가 된다.

(2) 얼굴의 길이

전체적으로 3등분하여 이마의 머리카락이 난 언저리부터 눈썹까지의 간격, 눈썹에서 코끝까지의 간격, 코끝에서부터 턱까지의 간격이 같아야 한다.

(3) 눈

눈의 세로길이는 가로길이의 1 / 3 이다.

(4) 코

콧망울과 콧망울의 폭은 코의 길이를 100으로 했을 때 64 정도가 이상적이다.

(5) 입술

입의 가로 길이는 두 눈동자의 안쪽을 지나는 수직선보다 크지 않으며 대략 눈의 가로 길이의 1.5배 정도이며, 입술의 가로와 세로의 비율이 1 : 3이다. 윗입술과 아랫입술은 1 : 1.5 정도로 아랫입술이 약간 도톰해야 한다.

03 눈썹(Eye brow)

눈썹은 얼굴의 지붕이라고 할 만큼 얼굴의 인상을 좌우하는데 큰 역할을 준다. 눈썹은 얼굴의 인상을 가장 자유로이 변화시킬 수 있으며 다양한 표정을 연출할 수 있다.

1 _ Eye brow Make-up 대상

① 눈썹의 균형이 대칭을 이루지 못하는 사람
② 눈썹 숱이 적은 사람
③ 노화로 눈썹이 빠지거나 흰 눈썹이 나는 경우
④ 화상이나 사고로 눈썹에 흉터가 있는 경우
⑤ 기존 문신의 교정

2 _ 상담

고객의 Make-up을 지우기 전 직접 그리고 온 눈썹 모양을 잘 기억하였다가 디자인시 감안하도록 한다. 고객의 요구 사항을 반영하되 무리한 요구 시 원하는 대로 따라가서는 안 된다. 기본적 이론과 색채 이론에 어긋나지 않도록 고객을 설득하여야 한다.

3 _ Make-up 전 사진 찍기

4 _ 디자인 하기(Eyebrow 비율)

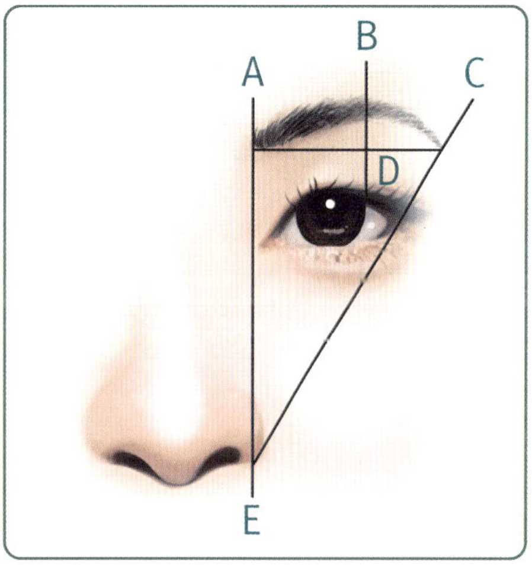

① 눈썹 앞머리(A) : 콧망울 지점을 수직으로 올려 만나지는 곳에 위치하도록 한다.

② 눈썹 산(B) : 위치는 눈썹길이를 3등분 했을 경우 2/3 지점에 위치하나 턱의 중심점에서 눈동자 중심을 지나 만나는 지점, 또는 눈동자 바깥부분을 올려 만나는 지점에 위치하도록 한다.

③ 눈썹꼬리 길이(C) : 콧망울과 눈 꼬리를 45도 각도로 연결해서 연장했을 때 만나지는 지점에 위치하도록 한다.

④ 눈썹길이(D) : 눈 길이보다 짧지 않게 그린다.

5 _ 눈썹의 색상과 이미지

눈썹의 색상은 모발 색과 맞추는 것을 기본으로 하며 피부색과 눈동자색 등을 고려하여 선택한다.

① 검정색 : 고전적인 느낌을 주며 개성적으로 보인다. 눈이 크고 피부가 흰 사람에게 잘 어울린다.

② **회색** : 침착하고 차분한 느낌을 주며 자연스러워 누구에게나 무난하게 어울린다.

③ **갈색** : 인상이 부드러워 보이며, 피부가 어두운 사람에게 잘 어울린다.

6 _ 통증 안정제 바르기

메디 컨투어 Make-up에 사용되는 다양한 통증 안정제의 효능에 대하여 정확한 지식을 갖도록 하며 눈썹의 경우 안정제를 바르고 20분 정도 후에 Make-up 하도록 한다. 안정제를 바른 후 랩을 씌워두면 효과를 더욱 증대시킬 수 있다.

7 _ Make-up 준비 및 색소 선택

고객에게 통증 안정제를 발라놓고 상담 시 고객이 원했던 컬러와 피부 톤에 맞는 컬러를 감안하여 Make-up 색소를 결정하고 중간 통증 안정제, 기계 셋팅 등 Make-up 준비를 하도록 한다.

8 _ Make-up 하기

눈썹 뿐만 아니라 기타 다른 Make-up을 할 때 피부를 어떻게 팽팽하게 잡고 하느냐에 따라 색소가 잘 들어가고 그렇지 않고가 결정된다. 빠른 시간 내에 Make-up을 끝내고 고르게 색소를 주입시키기 위해서는 피부를 충분히 잡아당기도록 한다. 이때 정확한 위치에서 Tension을 잡아야 한다. 위로 올리거나 밑으로 내려서 잡으면 전혀 다른 디자인이 나온다. 또한 Make-up시 미리 디자인했던 선을 잃어버리거나 확대, 축소하지 않도록 정확하게 라인을 표시하도록 한다.

Make-up 중간 중간 통증 안정제를 바르고 수시로 Make-up 부위를 닦아 실제 주입된 색상의 명암을 정확히 파악하도록 한다.

9 _ 중간 점검

어느 정도 기본 색상이 나오면 고객을 앉히고 양쪽 눈썹의 균형이 깨지지 않았는지 확인한다. 만약 처음 디자인한 모양과 차이가 있다면 가상 선을 그어 확인한 후 맞추어 가며 Make-up한다.

10 _ Make-up 완료

Make-up이 완료되면 재생연고를 바르고 주의 사항을 충분히 설명하여 잘 관리하도록 한다.

11 _ Make-up 후 사진 촬영하기

① 아이스 백을 대어 피부를 진정시키고 Make-up 후 사진을 촬영한다.
② 주의 사항을 설명한 후 재생연고를 바르도록 하다.

※ 주의 사항

- 샤워 시에도 연고를 바르고 샤워를 하도록 한다.
- Make-up 후 치유과정에서 40 ~ 50% 정도의 색소가 퇴색될 수 있으며 색도 변색될 수 있다.
- 탈색으로 인해 고객이 걱정하지 않도록 충분히 설명하고, 하루에 연고를 1 ~ 2회 4 ~ 5일간 바르도록 한다.
- 리터치는 1개월 이후 가능하다.

12 _ Eye brow 패턴

① 각진 눈썹 : 사무적인 느낌이 들며, 현대적 세련미와 지적인 이미지를 준다.

② 아치형 눈썹 : 부드럽고 여성스러우며 고전적인 이미지를 준다.

③ 직선형 눈썹 : 남성적인 느낌을 주고, 얼굴이 넓어 보이며 활동적으로 보인다.

④ 꼬리가 쳐진 눈썹 : 부드럽고 온화한 이미지를 풍기나, 자칫 어리숙하게 보일 수 있다.

⑤ 꼬리가 올라간 눈썹 : 생동감이 있어 보이고 날카로워 보인다. 섹시한 이미지를 준다.

⑥ 짙은 눈썹 : 이미지가 강해 보이고 야성적인 느낌이 드나 여성미는 다소 떨어진다.

⑦ 흐린 눈썹 : 온화함과 여성스러움이 느껴지고 온순해 보이나, 자칫 병약해 보일 수 있다.

⑧ 양미간이 좁은 눈썹 : 지적인 이미지와 세련미는 있으나 다소 답답한 느낌이 들며 소심한 성격으로 보일 수 있다.

⑨ 양미간이 넓은 눈썹 : 부드럽고 온화하며 너그러워 보이나, 나태해 보이는 인상을 줄 수 있다.

(1) 얼굴형에 어울리는 눈썹형

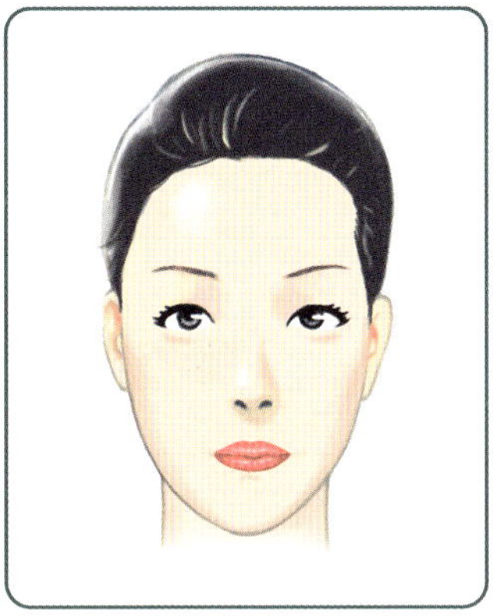

① 긴 형 : 수평적인 일자형 눈썹으로 자연스러운 굵기의 눈썹이 긴 얼굴을 분할시켜주므로 잘 어울린다.

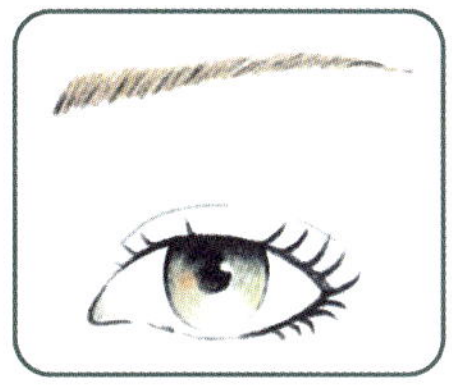

자연스러운 굵기로 약간 직선적인 느낌으로 그린다

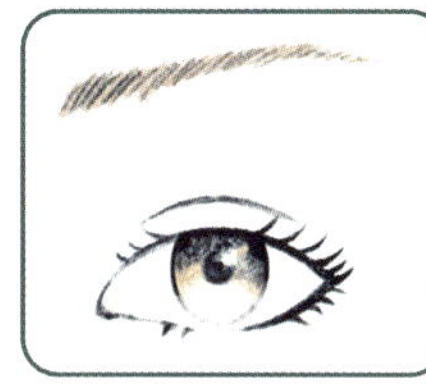

눈썹 산에 약간의 커브를 준다

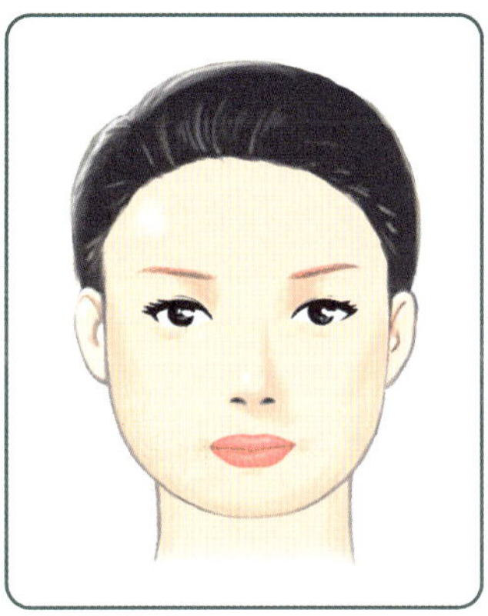

② 둥근형 : 약간 상승 느낌이 나듯이 각진형 눈썹으로 꼬리를 올려서 그려줌으로써 세로의 분위기를 강조한다.

적당한 굵기와 길이로 눈썹 산을 각지게 그린다.

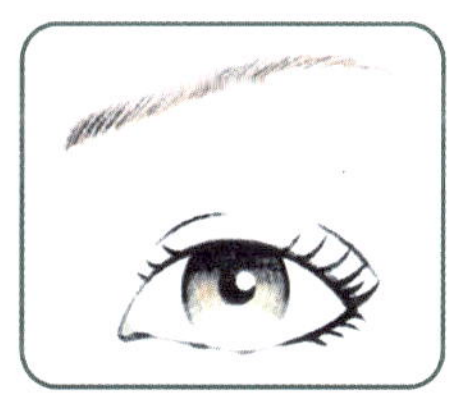

눈썹 산에 커브를 준다.

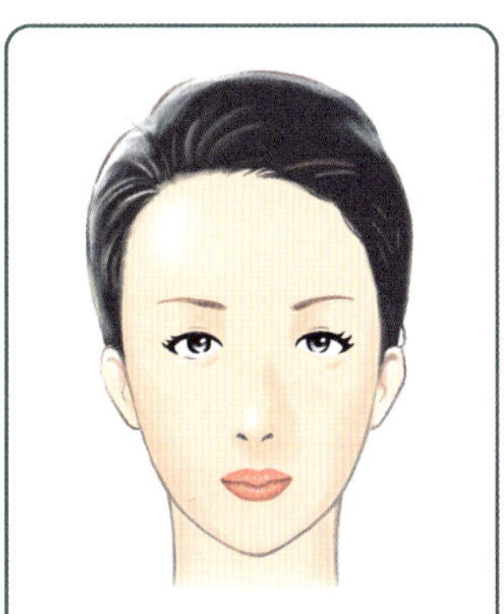

③ 역삼각형 : 여성스러움을 강조할 수 있는 아치형으로 눈썹 산의 위치를 눈썹길이의 1/2 정도에 주어 날카로움을 감소시킨다.

눈썹길이의 1/2정도에 눈썹 산을 그려준다.

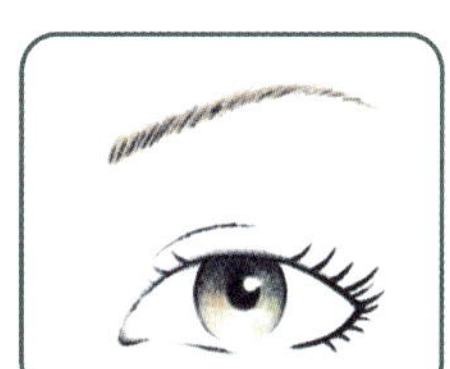

눈썹 산을 안쪽에 두고 아치형으로 가늘게 그린다.

④ **사각형** : 각진 얼굴을 커버하기 위해 눈썹이 너무 가늘지 않게 그리며 여유 있는 곡선으로 매끄러운 아치형이나 화살형이 좋다.

곡선으로 매끄러운 아치형으로 그린다.

눈썹 산에 조금 커브를 준 직선적인 눈썹으로 표현한다.

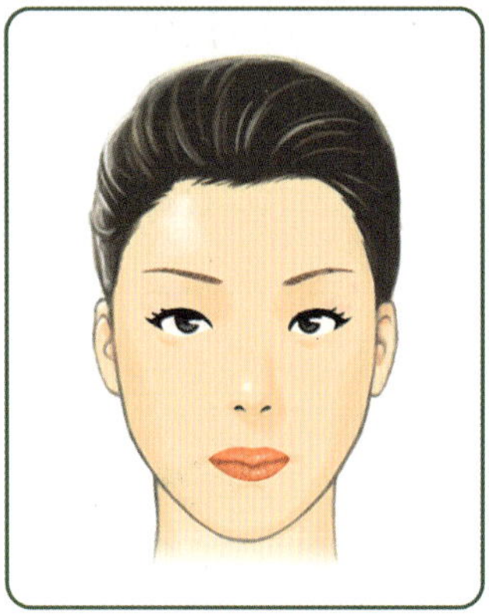

⑤ **다이아몬드형** : 튀어나온 광대뼈가 다소 완화되어 보이게 눈썹의 앞머리에 포인트를 준 화살형으로 시선을 분산시킨다.

눈썹 앞머리에 포인트를 준 화살형으로 그린다.

자연스러운 굵기로 너그러운 눈썹형으로 그린다.

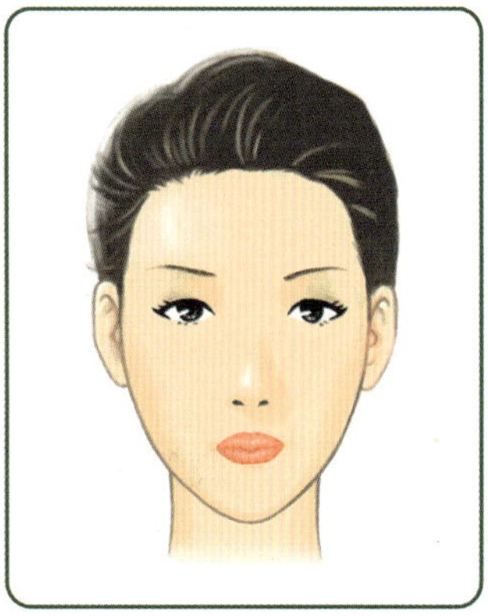

⑥ **달걀형** : 얼굴의 넓이가 적당하고 이마부터 턱까지 갸름한 편이라 눈썹 산을 조금 강조하거나 표준형 눈썹형으로 자연스럽게 표현한다.

자연스러운 굵기로 눈썹 산을 조금 강조한다.

눈썹 산을 둥글게 연결시켜 아치형으로 표현한다.

(2) 눈썹 형태 만들기

① 눈썹결의 정리 : 눈썹용 브러쉬로 눈썹결을 정리한다.

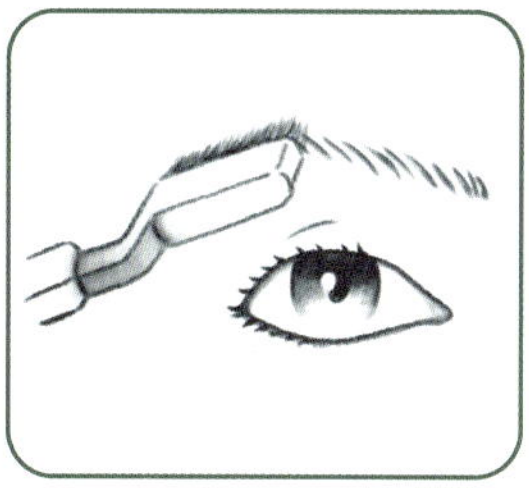

② 눈썹 시작점 : 먼저 콧망울 안쪽과 눈썹 앞머리에 수직이 되게 브러쉬를 놓는다. 브러쉬 안쪽이 눈썹이 시작되는 부분이다.

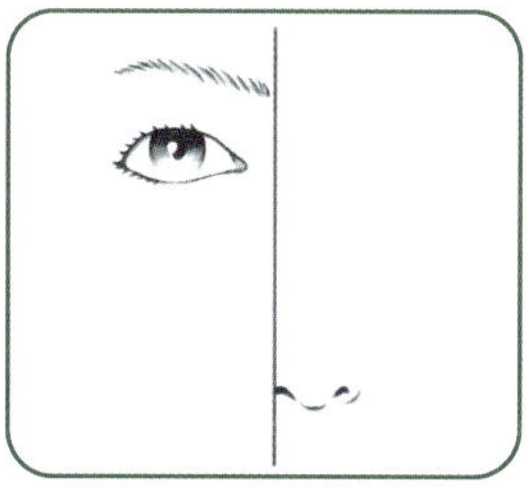

③ 눈썹 산의 위치 : 붓끝을 사용해 눈동자의 바깥쪽이나 턱의 중심에서 눈동자를 지나 만나는 지점이다.

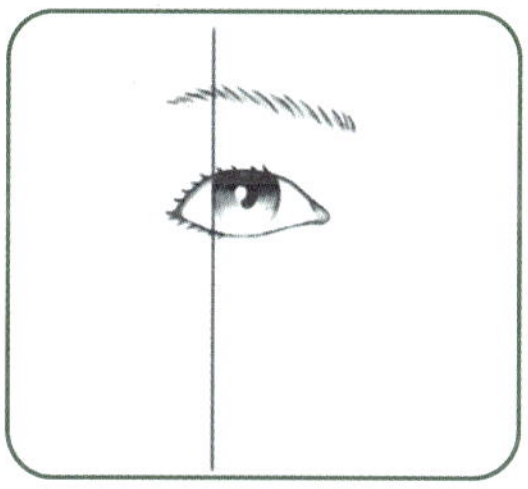

④ 눈썹 꼬리 위치 : 콧망울에서 눈꼬리를 지나는 연장선이 이상적인 지점이다.

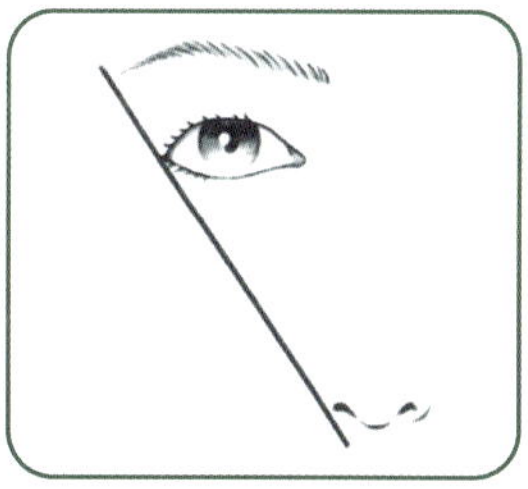

⑤ 잔털 제거 : 펜슬로 눈썹 아래쪽에 원하는 형태의 라인을 살짝 그려준 후 눈두덩이 잔털과 표시부분을 제외한 잔털은 눈썹용 칼이나 가위로 깨끗하게 제거해 준다.

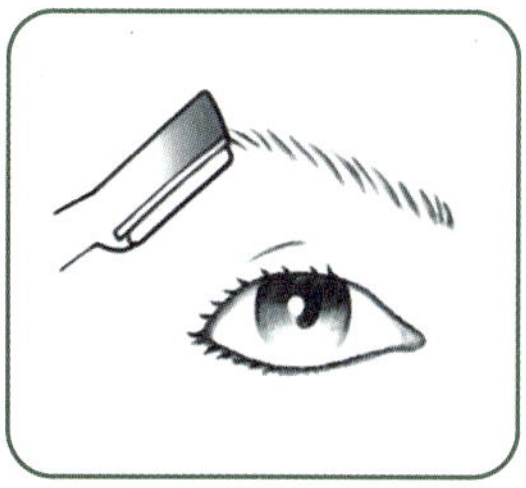

⑥ 긴털정리 : 길게 나온 눈썹 털은 눈썹빗을 대고 가위로 일정하게 자른다. 자를 때에는 눈썹결 반대 방향으로 잘라주는 것이 좋다.

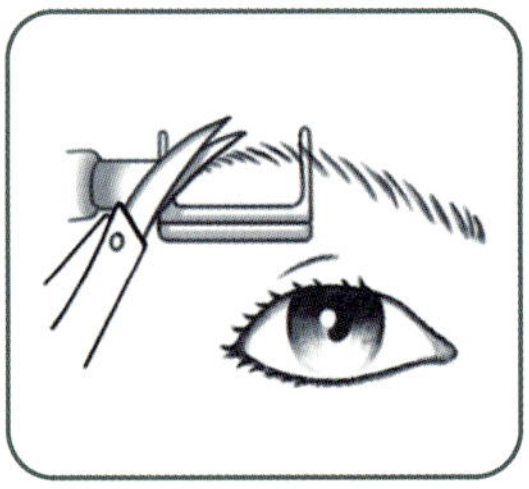

⑦ 펜슬로 그리기 : 펜슬로 스케치 하듯이 자연스럽게 그려준다.

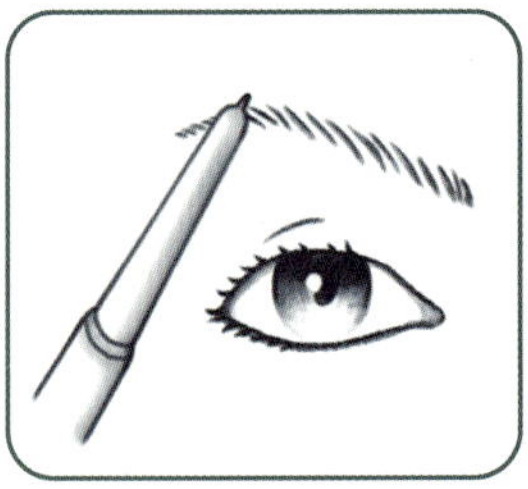

⑧ 브러쉬로 그리기 : 브러쉬에 흰색이나 갈색 새도우를 묻혀 상대방의 헤어 컬러에 맞추어 한올 한올 쓸어주듯이 붓끝을 세워 그려준다.

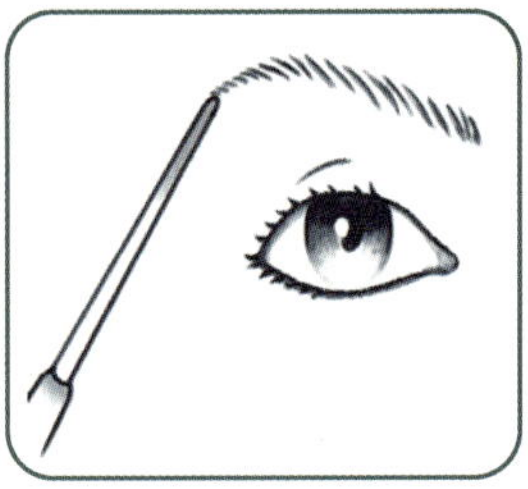

눈썹(Eye brow) 기본형

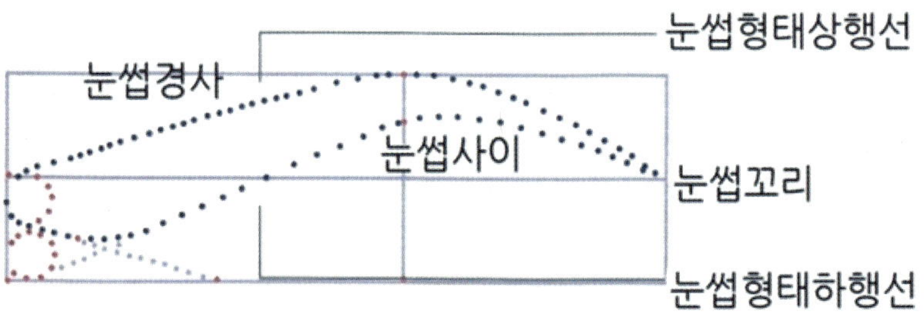

기본형 도안

Tip

1. 양쪽 눈썹의 좌·우 대칭이 중요하다.
2. 대체적으로 오른쪽 근육량이 많기 때문에 오른쪽 눈썹이 올라간다. 따라서 기본 드로잉을 할 때 왼쪽 눈썹은 올려 그리고 오른쪽 눈썹은 내려 그린다.

• 눈썹(Eye brow) 패턴 드로잉 연습

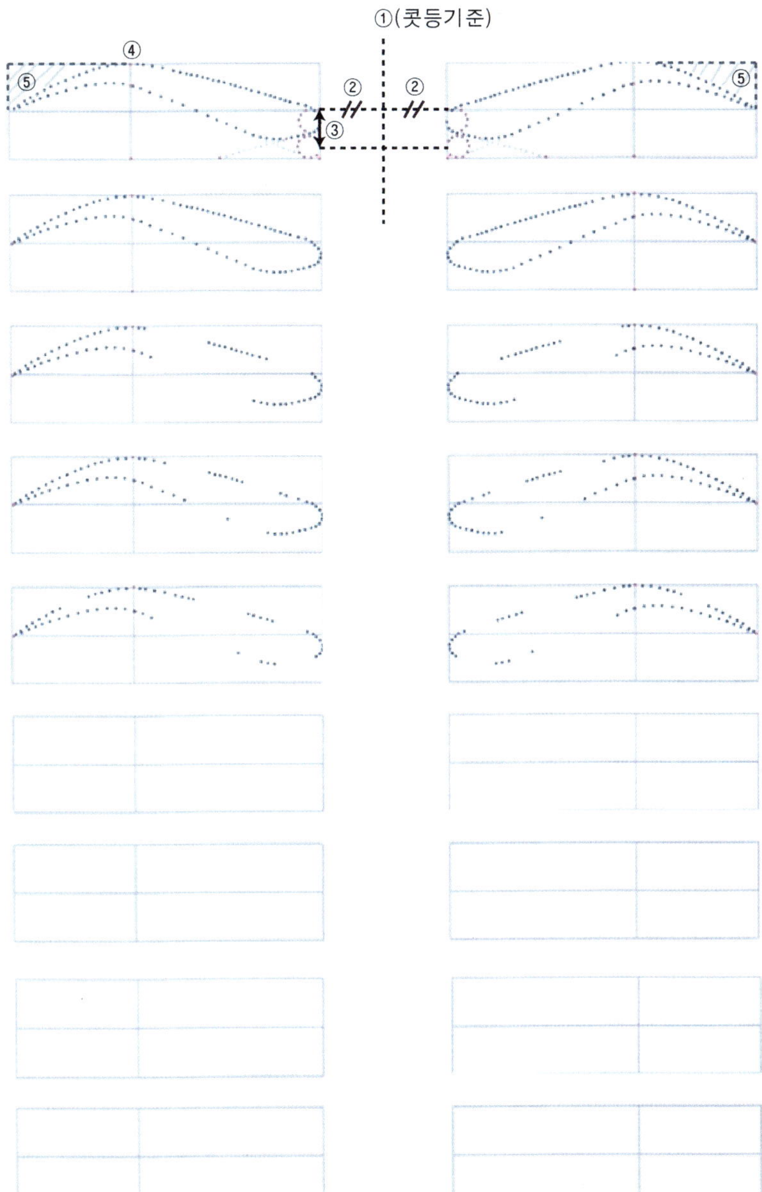

Tip

눈썹 좌·우 대칭을 위해 체크해야 하는 부분

1. 콧등 기준
2. 콧등 기준으로 양 눈썹의 시작점의 여백의 길이가 같아야 한다.
3. 양 눈썹의 폭이 같아야 한다.
4. 눈썹 산의 위치가 같아야 한다.
5. 양 눈썹의 눈썹 산에서부터 꼬리까지의 여백의 넓이가 같아야 한다.

• 눈썹(Eye brow)결 유형별 패턴

– 유럽인 자연눈썹

– 한국인 자연눈썹

– 일자형 자연눈썹

– 표준형 자연눈썹

– 반달형 자연눈썹

눈썹(Eyye brow) 엠보기법

• 눈썹결 기초드로잉(우측)

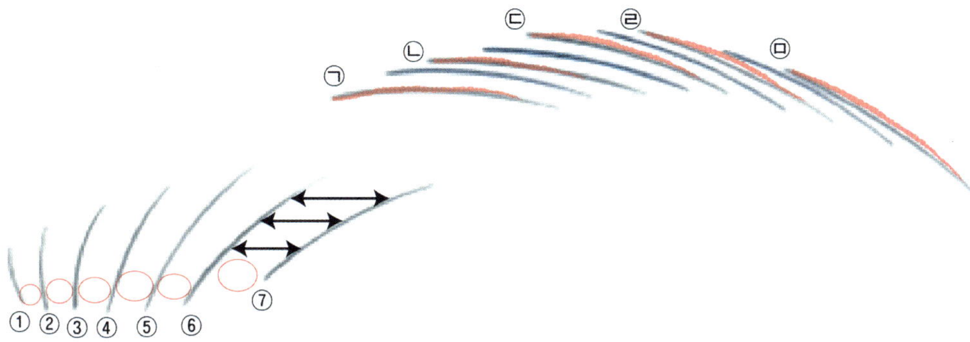

Tip

1. ① ~ ⑦ : 눈썹 간의 폭은 서로 비슷하도록 간격을 유지하며 그린다.(○)
   아랫부분에서 윗부분으로 올라갈 때 눈썹 간의 폭은 점점 넓어진다.(↔)
2. ㉠ ~ ㉤ : 눈썹 간의 간격이 비슷하도록 유지하며 그린다.
3. 엠보니들 사용법
   ① ~ ⑦ : 엠보니들의 앞부분 이용(2~3개)
   ㉠ ~ ㉤ : 엠보니들의 전체면

– ㉠ ~ ㉤ 보조 라인을 반복적으로 그리기

– 좌측 눈썹결과 동일하게 연습하세요.

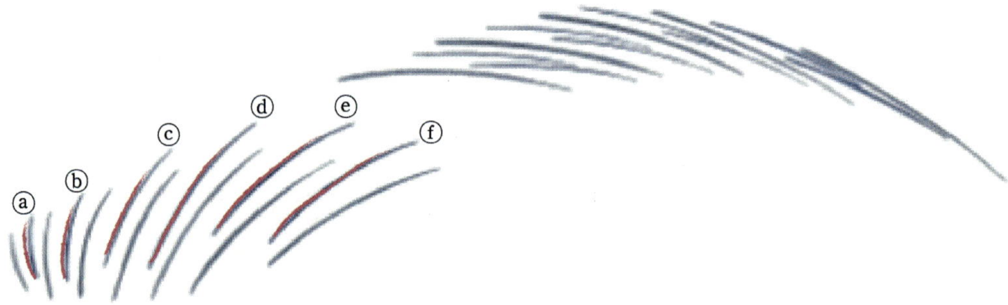

Tip

ⓐ~ⓕ의 눈썹은 ①~⑦ 눈썹 사이에 그린다.
이때 ⓐ~ⓕ 눈썹의 시작점은 ①~⑦ 눈썹보다 위로 올려 시작하여 그려준다.

• 눈썹결 기초드로잉(좌측)

– 보조 라인을 반대 방향으로 반복적으로 그리기

– 우측 눈썹결과 동일하게 연습하세요.

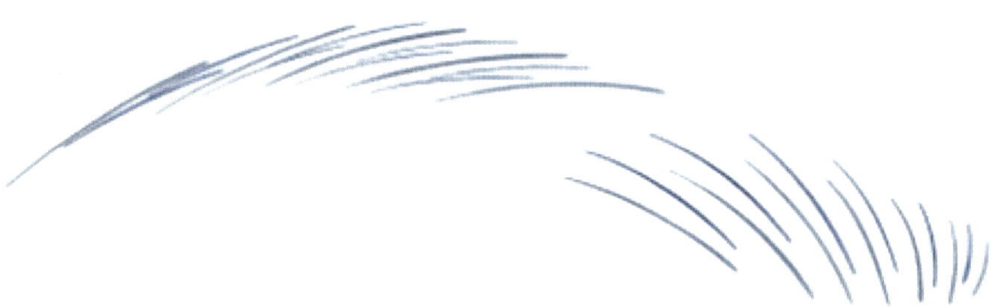

• 눈썹결 기초드로잉 완성(우측)

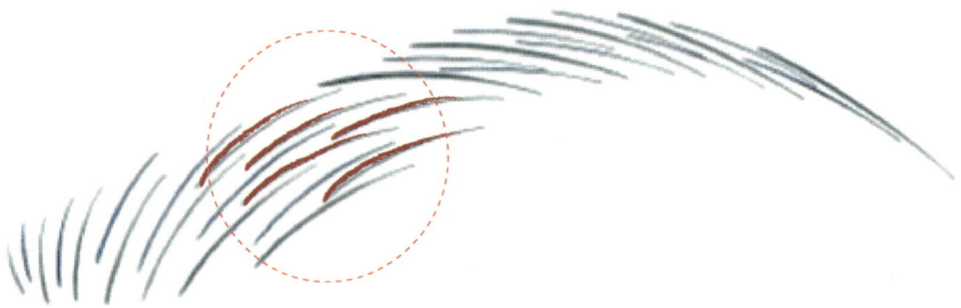

Tip

눈썹의 앞부분과 꼬리부분의 연결이 자연스럽도록 눈썹의 가운데(O) 공간을 확보하고 눈썹 사이사이를 연장하며 매끄럽게 그려준다.

– 빨강선 3개의 위치와 두께를 확인하세요.

– 나머지 빨강선 위치와 두께를 확인하세요.

• 눈썹결 기초드로잉 완성(좌측)

– 빨강선 3가닥을 잘 확인하세요.

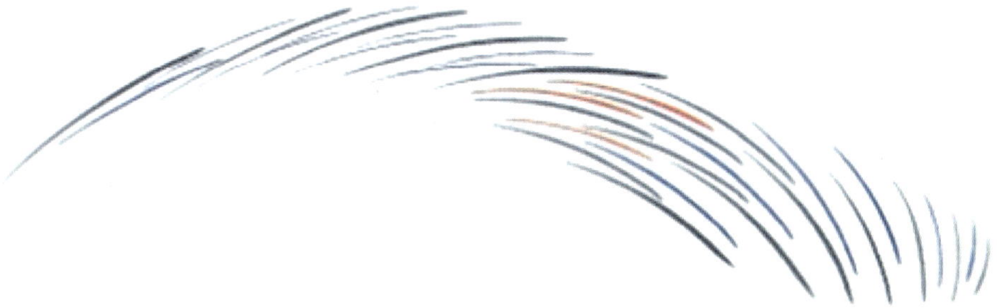

– 우측 눈썹결과 동일하게 연습하세요.

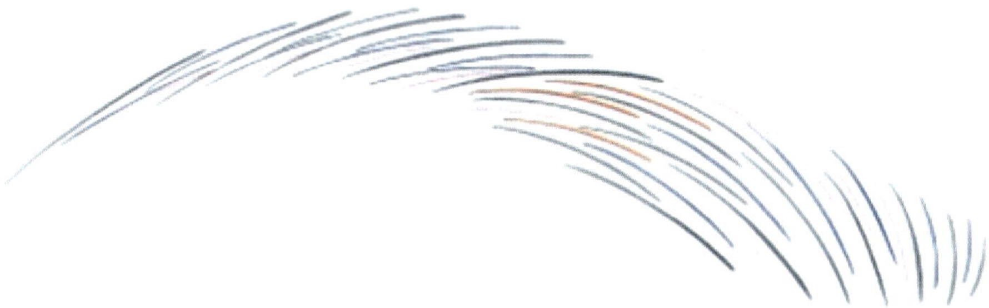

눈썹(Eye brow) 그라데이션

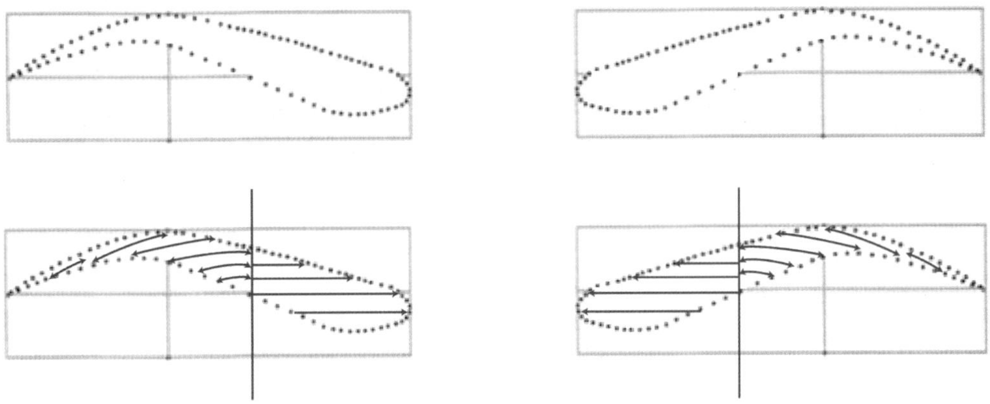

1/3지점　　　　1/3지점

Tip

1. 눈썹의 윤곽선은 흐리게 그린다.
   : 윤곽석이 진하면 그 안의 그라데이션을 표현할 때 윤곽선보다 진하게 표현해야 하기 때문에 자연스러움이 떨어진다.
2. 꼬리부터 시작하고 중간부분까지 대각선으로 표현하며 눈썹의 1/3지점의 앞머리쪽부터는 가로 방향으로 힘을 빼고 표현한다.

• 보조라인 연습

• 눈썹 기본결 기초 드로잉 연습

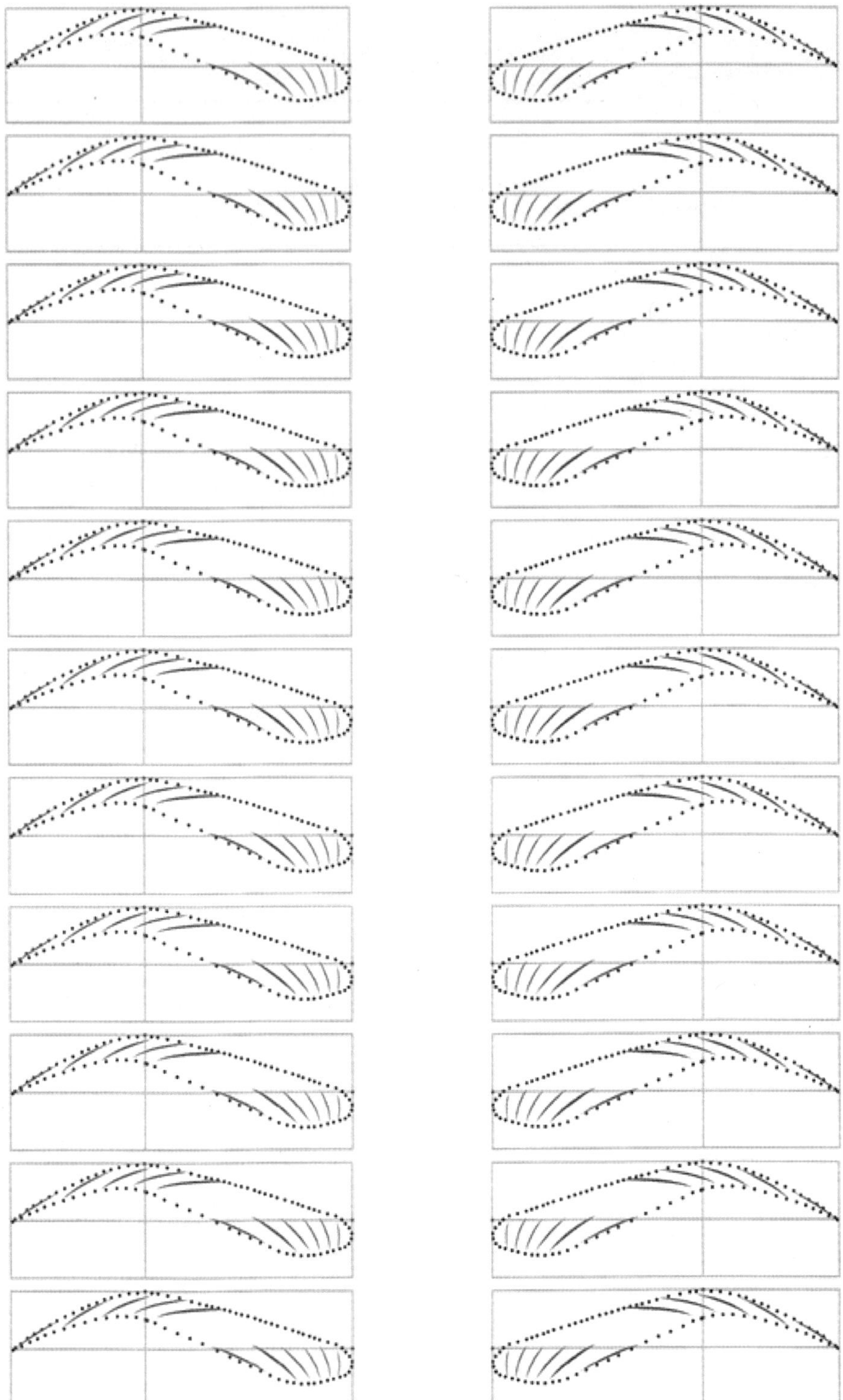

- 눈썹 기본결 숙련 드로잉 연습

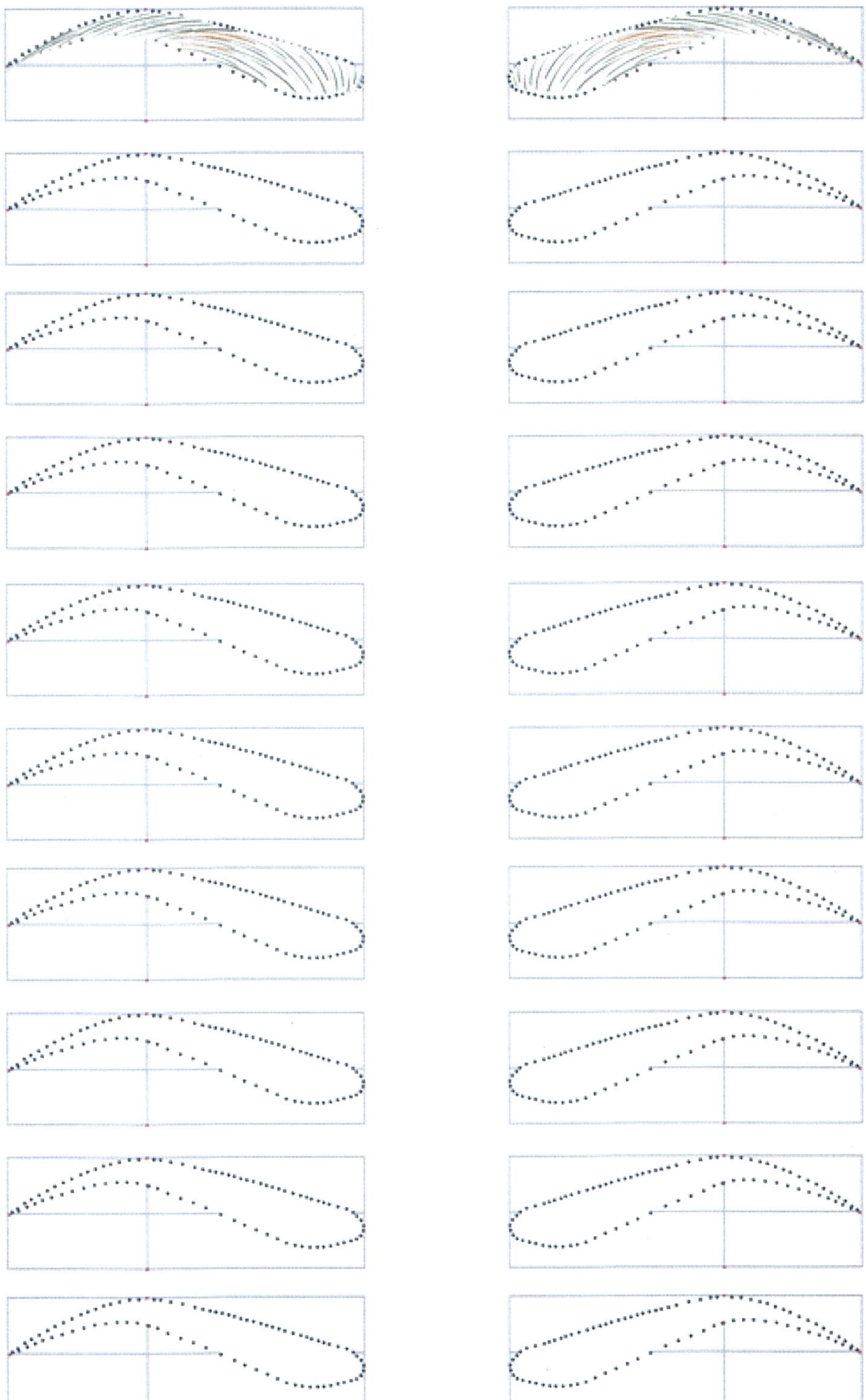

04 아이라인(Eye line)

• 아이라인의 효과

① 동양인의 홑 겹눈을 돋보이게 한다.

② 눈을 크게 보이게 한다.

③ 눈이 깊어 보이게 한다.

→ 눈을 아름답게 보이게 한다.

1 _ 눈의 해부학적 이해 – 눈꺼풀

• 사전적 정의

① 눈을 덮고 있고, 접고 펼 수 있는 얇은 막

② 두 겹으로 된 피부조직(상안검, 하안검)

③ 상부 눈꺼풀이 더 크고 움직임도 많다.

• 용도

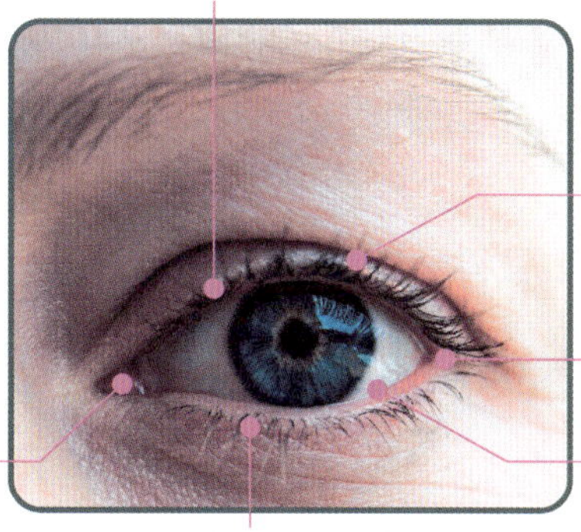

2 _ 눈의 해부학적 이해 - 속눈썹

• 알려지지 않은 정보

① 태아가 3개월이 되면 속눈썹이 자라기 시작

② 속눈썹의 평균 수명은 3개월

③ 위쪽 속눈썹 : 90 ~ 160개, 아래 속눈썹 : 75 ~ 80개

④ 자라는데 30일 걸리고 3개월 정도 유지, 뽑히기 전에 다시 자라기 시작

⑤ 60 ~ 80%가 자라나고 있고 20 ~ 40%가 떨어지고 있다.

⑥ 성장률과 생명주기는 일생을 통해 일정

3_눈의 해부학적 접근

① 안검결막 부분에 다래끼가 있다면 다른 곳으로 전이되지 않도록 주의한다.
② 한 개의 속눈썹이라도 이상이 생겨 빠지게 된다면, 새 속눈썹이 약 5주 안에 자라게 됨을 주지시켜 안심시킨다.
③ Make-up 도중 눈을 계속 감도록 하는 것이 고객을 편하게 해주는 방법이다.
④ 아이라인 Make-up 시 눈동자에 압력을 받게 되면 눈물 등의 흐름이 적체되어 각막이 부어 오른다.
⑤ 각막 상피층은 제5뇌신경과 연결된 신경섬유가 많이 분포하고 있어 아주 작은 양의 색소라도 눈에 들어가지 않도록 주의해야 한다.
⑥ 결막염에 감염된 현상이 있는 고객에게는 Make-up을 하면 안된다.
⑦ 왼쪽 눈은 오른쪽 눈보다 민감한 경향이 있다.
⑧ 탈모증이 있어 속눈썹이 없는 고객은 Make-up시 느끼는 불편함이 더 크다.

4_가장 흔한 아이라인의 형태

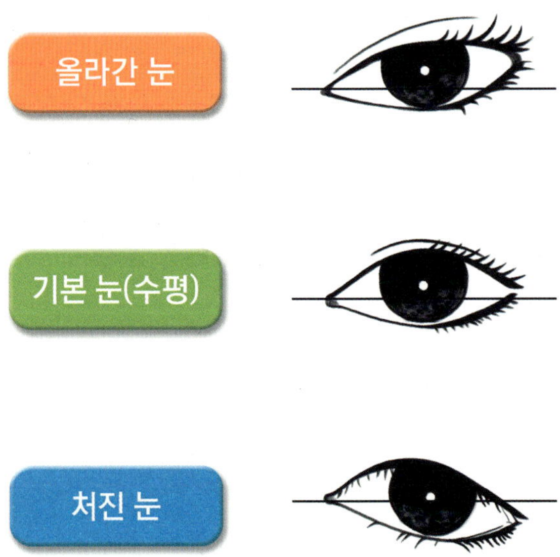

5_아이라인 Make-up의 기본

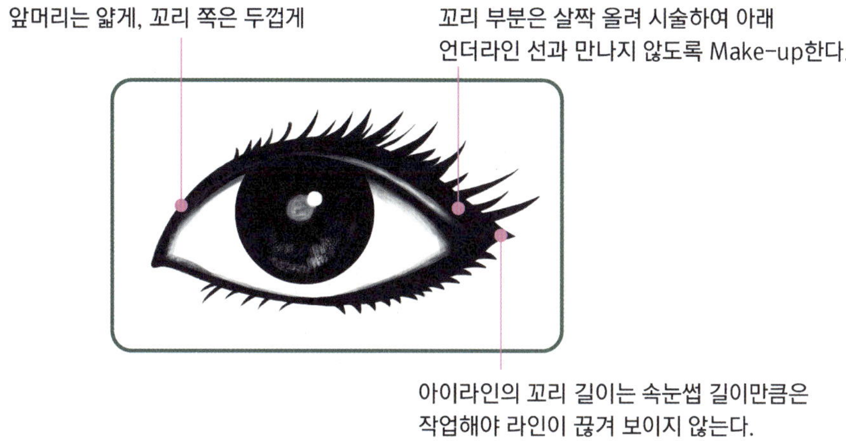

6_눈 모양에 어울리는 아이라인 기본 – 눈꼬리가 처진 눈

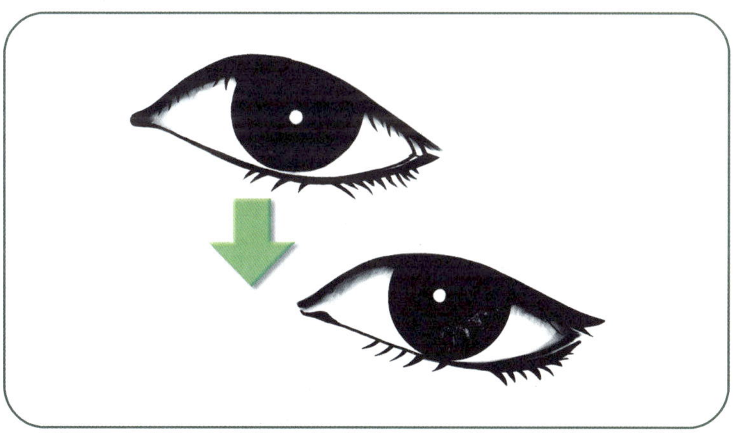

• 눈 꼬리의 라인을 앞 선의 2배 정도 두께로 하여 약간 올려 Make-up 하되 라인을 눈의 바깥쪽으로 길게 빼지 않도록 주의한다.

7 _ 눈 모양에 어울리는 아이라인 기본 – 눈꼬리가 올라간 눈

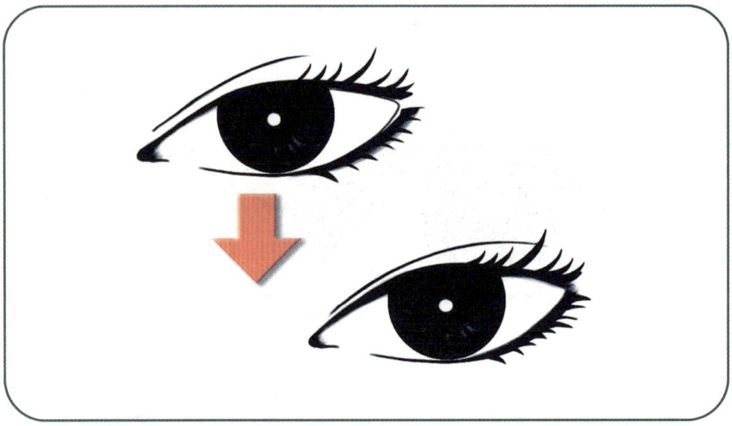

• 날카롭고 신경질적으로 보이므로 라인은 약간 아래로 내려 잡거나 눈에 맞추어 마무리 한다.

8 _ 눈 모양에 어울리는 아이라인 기본 – 쌍꺼풀 형태의 눈

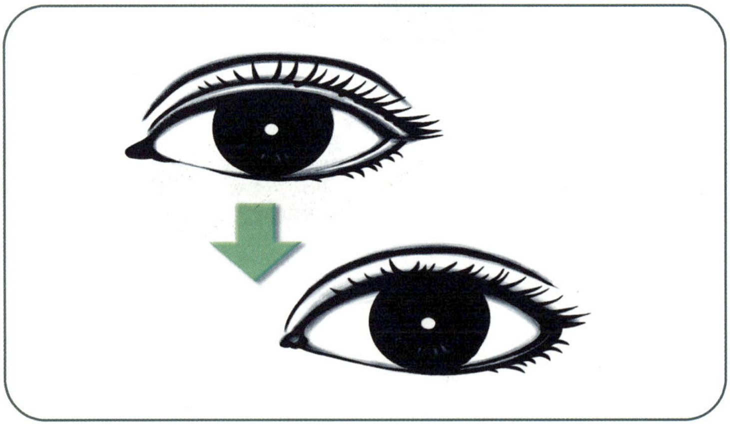

• 수술로 인해 눈의 크기는 커졌으나 눈의 꺼풀이 위로 들려 점막의 흰 부분이 많이 보이게 된다. 이 경우 눈썹 부위는 물론 점막부분을 조금 채워 눈동자와 라인의 연결로 또렷한 눈의 라인을 잡아준다.

9 _ 아이라인 Make-up 순서

(1) 아이라인의 목적

아이라인은 눈을 보다 선명하게 하여 생동감 있는 또렷한 눈매를 연출한다. 또한 눈의 크기를 결정하며 눈의 형태를 수정, 보완한다.

(2) 아이라인의 색채

① 검정색 : 선명하고 눈동자가 뚜렷해 보인다.
② 갈색 : 눈이 커 보이고, 강하면서 자연스럽게 보인다.
③ 회색 : 세련된 분위기가 있으나 나이 들어 보인다.
④ 청색 : 눈매가 시원해 보인다.

(3) 아이라인 기법

① 쌍꺼풀이 없는 경우 끝에서 1mm를 빼주고 언더라인은 열어준다.
② 큰 눈은 가늘고 섬세하게 그리며 언더라인은 생략한다.
③ 지방이 많고 큰 눈은 앞머리부터 눈꼬리를 올리면서 짙게, 언더라인은 열어준다.
④ 눈꼬리가 올라간 사람의 눈 내측 끝에 포인트를 준다.
⑤ 눈꼬리가 처진 사람에게 언더라인은 생략한다.
⑥ 눈이 동그란 사람의 눈 중앙은 가늘게, 양쪽 끝은 두껍게 한다.
⑦ 가늘고 긴 눈은 가운데는 두껍게, 내측 끝은 자연스럽게 한다.

(4) 상담

아이라인은 쌍꺼풀 수술로 인하여 쌍꺼풀이 너무 두껍거나 눈이 들려 보이는 경우에 Make-up을 많이 하게 되는데, 쌍꺼풀 라인이 두껍다고 하여 Make-up 시 처음부터 두껍게 할 수 없음을 고객에게 먼저 이해시키도록 한다.

(5) Make-up 전 사진 촬영

(6) 디자인 하기

속눈썹 라인을 따라 메꿔가듯이 Make-up을 하나 만약 고객이 꼬리 부분에 선을 만들기를 원한다면 고객이 눈을 뜬 상태에서 미리 예상선을 그려 놓도록 한다.

(7) 통증 안정제 바르기

눈에 통증 안정제가 들어가지 않도록 솜을 끼우고 속눈썹 사이사이에 마이크로 브러쉬를 이용하여 안정제를 바른다. 바르고 20분 정도 후에 Make-up을 한다.

(8) Make-up 준비 및 색소 선택

고객에게 통증 안정제를 발라놓고 상담 시 고객이 원했던 컬러와 피부 톤에 맞는 컬러를 감안하여 색소를 결정하고 중간 통증 안정제, 기계 셋팅 등 Make-up 준비를 하도록 한다.

(9) Make-up 하기

눈썹 Make-up 때 보다 터치 속도를 느리게 하되 눈에 색소가 들어가지 않도록 주의한다. Make-up 중간 중간 통증 안정제를 바르고 수시로 Make-up 부위를 닦아 실제 주입된 색상의 명암을 정확히 파악하도록 하며, 눈꼬리의 피부는 괄약근으로 되어 있으므로 꼬리를 너무 길게 빼거나 눈의 라인 끝까지 색소를 주입하였을 경우 색소가 퍼지게 되는 등의 부작용이 생길 수 있으므로 꼬리를 길게 빼거나 아래를 향하게 하지 않도록 한다.

(10) 중간점검

어느 정도 색상이 나오면 고객의 눈을 뜨게 하여 아이라인의 모양이 제대로 되었는지 확인한다.

(11) Make-up완료

Make-up이 완료되면 안연고를 바르고 주의 사항을 충분히 설명하여 잘 관리하도록 한다.

(12) Make-up 후 사진 촬영

차가운 식염수로 눈 안을 세척하고 얼음주머니를 10분 정도 대어준 후 사진을 촬영한다. 항생제 안연고를 발라준다.

- 주의사항 : 마스카라, 아이라이너 사용, 속눈썹 파마 및 연장 등은 일주일간 피하도록 하며 샤워 시에는 안연고를 도포하고 샤워하도록 하며 1개월 정도 후에 리터치를 할 수 있다. 냉찜질을 위생적으로 많이 할 수 있게 한다.

10 _ 눈 모양에 따른 다양한 Eyeline 테크닉

① 크고 둥근 눈 : 더 둥글게 보이지 않게 하기 위해 눈동자 중간 부분은 생략하고 눈앞머리와 눈 꼬리 부분에만 선명하게 그려준다.

② 긴 눈 : 눈동자 중앙 부분을 도톰하게 그려주고 눈 머리와 눈 꼬리 부분을 자연스럽게 그려준다.

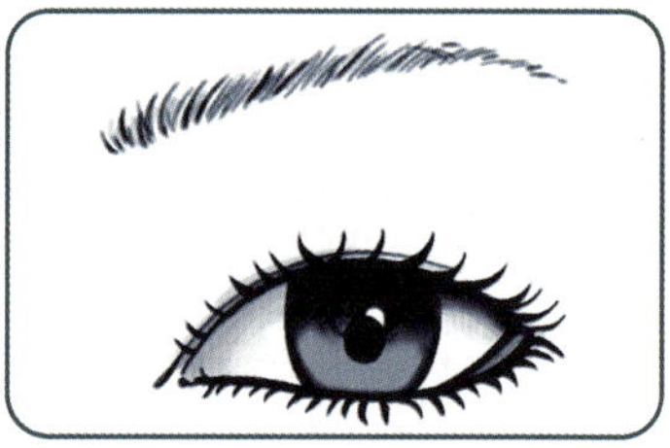

③ 작은 눈 : 위, 아래 아이라인이 눈 꼬리 끝부분에서 만나면 눈의 길이가 더욱 짧아 보이게 된다. 눈 꼬리 부분을 약간 띄워서 그려 넣는 것이 포인트이며, 위 눈꺼풀 아이라인을 그릴 때 눈 꼬리 부분에서 약간 수직으로 빼주듯 그리고 언더라인도 직선으로 빼주듯 그리면 눈의 길이가 훨씬 길어 보인다. 위, 아래 라인을 그리되 언더라인은 아래 눈 길이의 1/3 정도만 그린다.

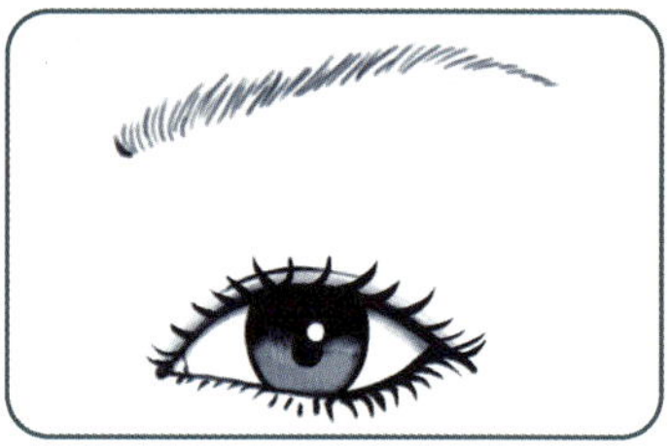

④ 들어간 눈 : 눈 꼬리 부분을 굵게 그리면서 끝을 약간 올려서 눈매를 긴장시킨다.

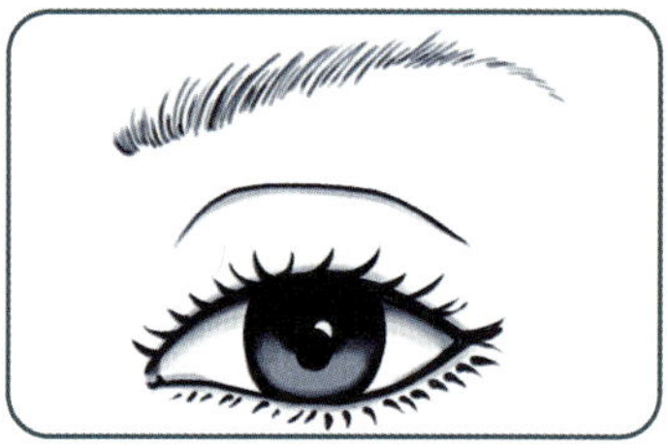

11 _ Eye line 디자인 Tip 과 배색

(1) 디자인 Tip

① 속눈썹과 아이라인을 표현하기에 제일 좋은 위치는 속눈썹뿌리와 갈색선의 중간 위치이다. 아래 아이라인의 컬러는 위의 아이라인 컬러보다 연해야 한다. 만약 너무 진하면 눈이 작아 보일 수 있다.

② 속눈썹의 위치를 정하는 선은 위 안와의 1 / 2이 되는 분계선이어야 한다. 눈 내각으로부터 중앙부분까지 아이라인을 그리고 중앙부분으로부터 눈 외각까지는 속눈썹을 그린다.

③ 속눈썹을 표현할 때는 각도 문제를 잘 생각해야 한다.

④ 보통 사람의 속눈썹 각도는 45°가 표준이다.

⑤ 눈 꼬리가 올라간 눈의 경우는 30°가 되도록 속눈썹을 표현하는 것이 적당하며, 눈 꼬리가 내려간 경우는 70°로 표현하는 것이 좋다.

(2) 배색

색상은 고객 눈동자의 색깔에 따라 배색하여 생동감 있고 자연스럽게 표현하도록 한다.

① 검은 눈동자 : 검정 + 흑갈색 = 3 : 1

② 갈색 눈동자 : 검정 + 진갈색 = 3 : 1

이는 시술 후에 검은색으로 보이나 갈색계열의 색소를 배합하는 이유는 검정은 한색이기 때문에 조명아래에서 푸르게 보일 수 있기 때문에 난색인 갈색을 배합하는 것이며 눈동자 색과도 잘 어울릴 수 있게 하기 위해서이다.

12 _ Eye line Make-up 대상

① 시력이 좋지 않아 화장하기가 어려운 사람

② 손을 움직이는데 불편한 사람

③ 탈모증, 화학요법, 화상으로 인하여 속눈썹이 듬성듬성 나거나 비어 있는 사람

④ 속눈썹 확대는 풍부한 속눈썹을 가지고 있는 것처럼 연출할 수 있다.

⑤ 지성피부 : 피부에서 분비되는 과다한 피지로 인해 화장이 쉽게 지워지는 사람

⑥ 알레르기 피부 : 눈의 염증으로 눈물이 자주 고이거나 화장품 알레르기가 심해 화장을 하기 어려운 사람

⑦ 작은 눈 : 정확한 위치에 시술된 아이라인은 눈을 훨씬 더 커 보이게 한다.

⑧ 올라가거나 처진 눈 : 눈 모양을 교정해서 그 사람에게 어울리는 가장 아름다운 눈으로 만들어 준다.

⑨ 언제나 맑고 또렷한 눈매를 원하는 사람

05 입술(Lip)

Lip 메이크업은 얼굴 전체의 포인트 역할을 한다. 입술은 움직임이 많고 표정이 풍부하기 때문에 눈에 잘 띄는 부분이다. 입술화장은 입술의 윤곽을 살려주고 입술에 색감을 주어 얼굴 전체를 생동감 있게 표현해 준다. 그러므로 피부 톤, 섀도우 컬러, 의상 컬러를 충분히 고려하여야 한다.

• 립 컬러 선택 요령

립 컬러는 피부색, 연령, 치아 색상, 입술색과 입술형에 따라 선택하고, 이외에도 머리카락 색, 아이섀도우 색상, 의상색도 고려한다.

- 빨간색은 어른스러우면서 지적이며 우아하다.
- 핑크색은 여성스럽고 온화하고 청순하며 귀엽다.
- 퍼플색은 침착하고 로맨틱하다.
- 진한 퍼플색은 매우 강한 이미지를 나타낸다.
- 브라운색은 차분하고 어른스러우며 도시적인 세련미가 있다.
- 오렌지색은 선탠이나 검은 피부에 어울리며 발랄하고 활동적이다.
- 동양인은 red, pink, orange로 크게 구분된다.
- 입이 크거나 돌출된 사람은 짙은 색이 어울리고, 작은 사람은 펄이 들었거나 엷은 색이 어울린다.

• 립 라인 비율

① 입술의 양끝은 눈동자 중앙에서 수직으로 내린 선의 조금 안쪽에 위치한다.

② 입술 산은 양 콧구멍을 중심으로 수직으로 내린 선과 만나는 부분에 위치한다.

③ 이상적인 입술의 비율은 윗입술과 아랫입술이 1 : 1.5이다.

1 _ 입술(Lip) 구조

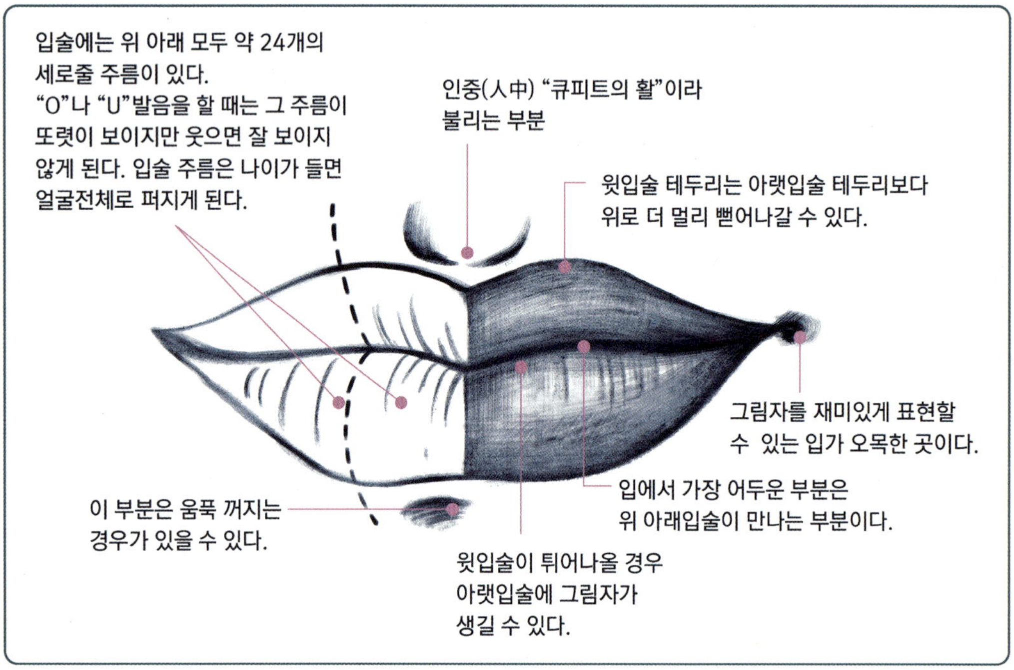

2 _ 입술(Lip) 라인에 따른 이미지

① 아웃커브(out curve)

매혹적이고 관능적인 입술모양이다. 하관이 넓은 사람의 경우 아웃커브형태로 그리면 시각적으로 넓은 하관이 줄어들어 보인다. 원래 입술라인 보다 1mm 넓게 그려주는데 입술 산의 위치가 본래 입술 산보다 바깥으로 나가게 그린다.

② 스트레이트(straight)

샤프하며 지적 이미지를 나타낸다. 단정한 유니폼을 착용할 때 어울리는 입술모양이다.

③ 인커브(in curve)

귀여운 이미지와 여성스러운 이미지를 나타낸다. 원래의 입술 라인보다 1mm 정도 안쪽으로 그려준다.

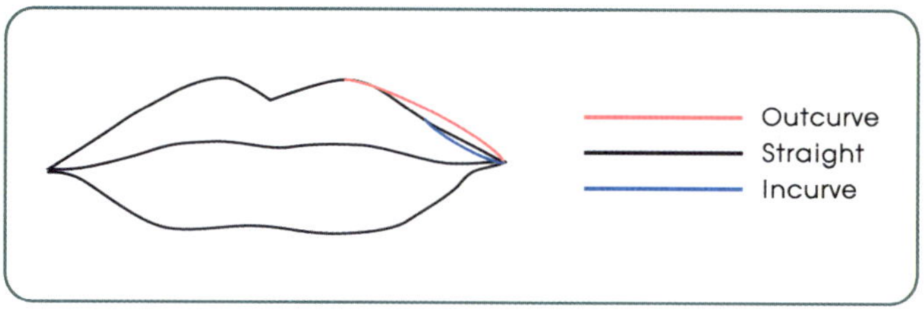

3 _ 입술 형에 따른 수정

① 큰 입술

큰 입을 작게 보이게 하기 위해서 구각 부분을 약간 줄여서 립스틱을 바른다. 입술 중앙에는 진한 색의 립 컬러를 바른다.

② 작은 입술

구각의 위치를 좌우로 1mm 정도 넓게 그리고 펄이 있는 립스틱이나 립글로스를 발라 부피감 있게 표현한다.

③ 윗입술이 얇은 경우

윗입술을 본래의 윤곽선보다 1mm 정도 크게 그린다. 입술 산을 약간 강조하여 두께가 있어 보이게 한다.

④ 구각이 처진 입술

입술이 처진 사람은 활기가 없어 보이고 어두운 이미지를 주기 쉽다. 구각을 1mm 정도 위로 그리고 윗입술은 인커브 라인으로 그린다. 구각을 너무 올리면 아랫입술과의 조화가 부자연스러우므로 주의한다.

⑤ 얇은 입술

얇은 입술은 부드러워 보이기는 하나 빈약해 보이기 쉬운 입술이다. 본래의 입술윤곽보다 1mm 정도 늘려서 윗입술은 안쪽으로 곡선을 그리듯이 한다. 라인은 전체적으로 부드럽고 둥글게 그린다. 립스틱 색상은 옅은 색이나 펄이 든 색상이 좋다. 진한 색은 입술을 더 얇아 보이게 할 우려가 있다.

⑥ 두터운 입술

현대적인 느낌이 드나 투박한 감도 없지 않다. 본래의 입술윤곽선보다 1mm 정도 안쪽으로 그리는데 윗입술 산은 완만하게 하여 두터운 감을 줄여준다. 립글로스나 옅은 색 펄이 있는 색상은 피한다.

4 _ Lip Make-up 대상

메디 컨투어 Make-up 립 라인은 몇 가지 방법을 통해 입술모양을 아름답게 바꿀 수 있다.

① 입술이 너무 작거나 얇은 경우에는 자신의 입술라인 바로 바깥에 라인을 그려서 가득 찬 듯한 입술모양을 만들 수 있다.
② 입술이 크거나 두꺼운 경우에는 자신의 입술라인 바로 안쪽에 립 라인을 그려서 입술을 작게 수정할 수 있다.
③ 입술라인이 희미하거나 입술 산 부분이 너무 뾰족할 경우 립 라인을 또렷하게 그리거나 입술 산을 동그랗게 만들어 여성스러운 입술을 만들 수 있다.
④ 입술모양이 비뚤어져 있을 경우엔 균형을 맞춰 교정할 수 있다.
⑤ 노화로 인하여 화장을 할 수 없거나 주름이 생겨 입술의 라인이 뚜렷하지 않은 경우
⑥ 입술 색이 없거나 검은 사람
⑦ 입술라인이 불분명한 것을 메디 컨투어 Make-up 립 라인으로 선명하게 해준다.
⑧ 나이가 들어감에 따라 구순허피스, 햇빛과 바람에 노출, 입술을 쥐어뜯는 등의 이유로 입술라인이 희미해진다. 불균형한 입술라인을 메디 컨투어 Make-up으로 바로 잡아준다.

⑨ 일그러지고 불균형한 입술을 바로 잡는 것은 고도의 기술을 요한다. 입술이 아닌 부분에 자연 입술색에 가깝게 색을 넣어 줌과 함께 메디 컨투어 Make-up 립 라인으로 마무리 해준다.

⑩ 립스틱으로부터 벗어날 수 있는 전체 입술 컬러 : 완전한 자연 입술색, 건강해 보이고 젊어 보이는 입술색, 좋아하는 입술색을 연출할 수 있다.

5_ Lip 색상 선택

정상적인 립 라인은 짙은 붉은색을 사용한다. 갈색으로 립 라인을 시술하면 차후에 입술이 검게 보일 수 있다. 만약 고객이 갈색 립 라인을 원한다면 붉은빛이 많이 도는 연갈색을 소량 섞어서 립 라인을 시술한다. 입술 전체 컬러와 자연스럽게 어울리도록 하려면 전체입술을 할 때 사용하는 립 색소와 짙은 붉은색 색소를 섞어서 사용하면 Lip 라인이 두드러지지 않고 자연스럽게 표현된다.

6_ 립 색상에 따른 이미지 변화

고객의 요구사항과 피부색을 조합하여 고객에게 적합한 젤리나 액체 염료를 선택한다.

① 짙은 붉은색 색소 : 자연스럽고 입체적인 립 라인을 시술할 때 사용한다.

② 진한 붉은색 색소 : 색상이 명쾌한 붉은 색은 입술 색이 어두운 사람에게 건강미를 되찾게 한다.

③ 분홍색 색소 : 색상이 엷고 밝으며 자연적이어서 피부가 더욱 하얗고 투명해 보이도록 한다. 창백한 입술에 좋다.

④ 진한 오렌지색 액체 색소 : 성숙한 개성이 표현되며 신세대 여성을 표현한다. 자연스러운 입술 색을 원하는 젊은 여성에게 더욱 좋다.

⑤ 붉은 장미색 액체 색소 : 낭만적이고 고귀함을 연출한다.

7 _ 피부색에 따른 립 컬러

① 흰 피부 : 창백하므로 핑크나 레드와 같이 선명한 색 사용

② 푸른 피부 : 파스텔 같은 신선한 느낌의 색 사용

③ 핑크 빛 피부 : 블루계열이나 강한 와인, 퍼플색 사용

④ 황색 피부 : 오렌지, 브라운, 어두운 레드 사용

⑤ 황갈색 피부 : 벽돌, 브라운 계열 사용

8 _ 연령에 따른 립 컬러

① 젊은층 : 차분하고 온화한 중간색(오렌지, 핑크색)

② 중년층 : 와인 색이나 브라운 색 또는 어두운 레드색

9 _ Make-up 진행

1) 상담

립 채색은 색소에 대한 지식과 경험이 충분히 뒷받침 되어야 가능한 Make-up 이며 특히 색소에 대한 이해가 정확치 않으면 색소 변색을 일으키는 등 부작용이 생기기 쉽다. 따라서 Make-up 전 고객의 컨디션도 고려하여야 하며 Make-up 2일 전 항바이러스제를 미리 처방하여 복용하도록 한다. 상담 시 Lip의 모양을 크게 줄이거나 확대해야 할 경우 최대 변화를 줄 수 있는 크기는 ±1mm임을 인식시키고 그 크기 내에서의 변형만으로도 큰 변화를 줄 수 있음을 이해시키도록 한다.

2) Make-up 전 사진 찍기

3) 통증 안정제 바르기

입술 전체에 안정제를 바르고 랩을 씌운 후 약 30분 이상 정도 후에 Make-up 하도록 한다.

4) Make-up 준비 및 색소 선택

고객에게 통증 안정제를 발라놓고 상담 시 고객이 원했던 컬러와 피부 톤에 맞는 컬러를 감안하여 색소를 결정하고 중간 통증 안정제, 기계 셋팅 등 Make-up 준비를 하도록 한다.

5) 디자인 하기

Lip 라인을 따라 고객이 원하는 범위 내에서 큐핏의 위치를 정확히 표시하도록 한다. Lip 사이즈를 줄여야 할 경우 입술 산의 모양을 직선으로 하고 사이즈를 늘려야 할 경우 입술 산의 모양을 곡선으로 하면 그 효과를 증대시킬 수 있다. 디자인이 모두 끝나면 마킹 펜이나 세미 펜슬을 이용하여 최종적인 선을 표시하도록 한다.

6) Make-up 하기

Lip 라인의 경우 아이라인처럼 터치 속도를 느리게 하여야 하고 정확히 립 라인을 표시한다. Make-up 중간 중간 통증 안정제를 바르고 수시로 착색 부위를 닦아 실제 색소가 주입된 색상의 명암을 정확히 파악하도록 한다.

입 꼬리의 피부는 괄약근으로 되어 있으므로 양쪽 구각에서 선이 만날 경우 색소가 퍼지게 되는 등의 부작용이 생길 수 있으므로 Lip의 구각 약간 안쪽에서 Make-up이 끝나 입을 다물었을 때 위치가 맞도록 한다. Lip 라인의 선이 정해지면 카트리지를 5, 7 라운드 및 5, 6 플랫의 다양한 카트리지로 바꾸어 채색을 할 수 있다.

7) 중간점검

어느 정도 색상이 나오면 고객을 앉게 하고 거울을 보며 모양을 수정하는데 입술이 부어 있는 관계로 모양이 틀어져 보일 수도 있으므로 그것을 감안하여 수정 및 보완하도록 한다.

8) Make-up 완료

Make-up이 완료되면 재생연고 or 안연고를 바르고 주의 사항을 충분히 설명하여 잘 관리하도록 한다.

9) Make-up 후 사진 찍기

10) 주의사항

① 1차 Make-up 후부터 2차 Make-up까지는 색깔이 60 ~ 70% 정도 빠지게 된다.
② 일주일이 경과하면 새로운 표피 조직이 올라오게 되는데 이 때 색깔이 더 선명해질 수 있음을 고객에게 주지시킨다.
③ 시술 후 Herpes 치료약을 4일 간 복용하도록 한다.(6시간 마다)
④ Herpes가 생긴 사람은 Acyclover 연고를 바르게 하고 이 때 손가락을 사용하지 않고 면봉 등을 사용한다.
⑤ 항바이러스제를 Make-up 2일 전부터 복용하도록 한다.(6시간 마다)
⑥ Herpes infection은 입술 Make-up 뒤에 가장 많이 발생한다.
⑦ 샤워 시에는 연고를 바르고 샤워하도록 한다.
⑧ 치아로 뜯어 먹는 음식(갈비, 게)은 입술에 상처를 줄 수 있으므로 되도록 삼간다. 그리고 음료를 마실 때에도 빨대를 사용하도록 하고, 짜거나 맵거나 신 음식물은 피하도록 한다. 입술로 핥는 것도 감염의 우려가 있다.
⑨ 1개월 정도는 바세린 크림 및 보습제를 꼭 사용하도록 한다.
⑩ 리터치는 최소 2개월이 지난 후 해야 하는데, 피부가 재생되고 색의 상태를 점검해 볼 수 있기 때문이다.
⑪ 치아 표백은 리터치 2개월 뒤부터 하도록 한다.
⑫ 만약 립스틱을 사용해야 한다면 새로 구입하여 사용하도록 한다.

입술 드로잉 연습

① 입술 라인 그리기

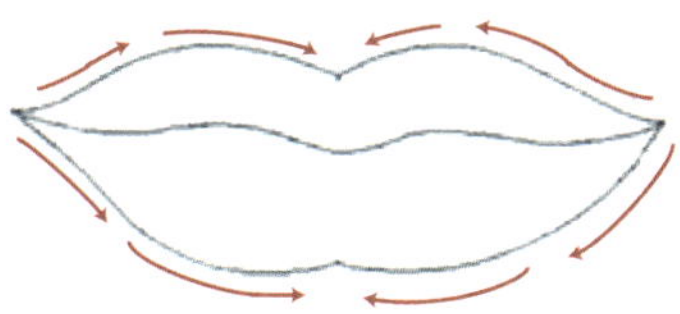

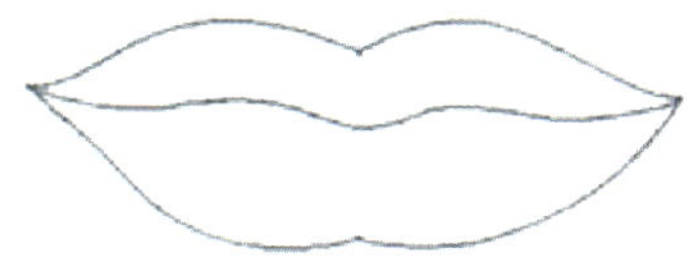

② 입술 크로스 기법 1

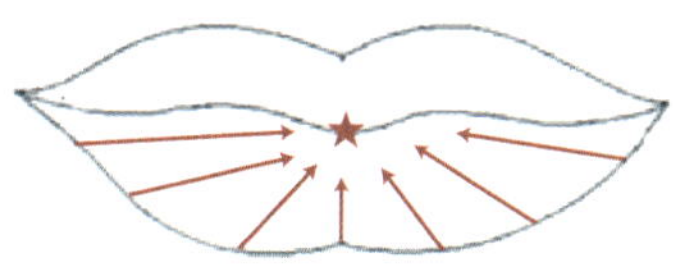

입술 크로스 기법 2

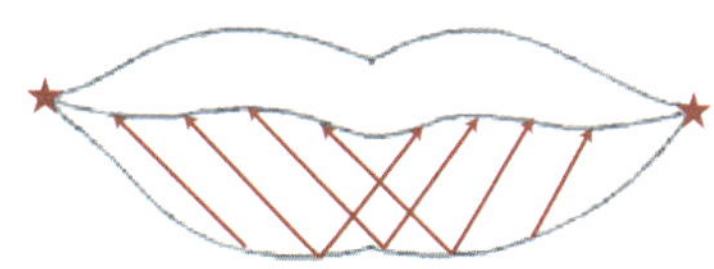

③ 입술 스프링 기법

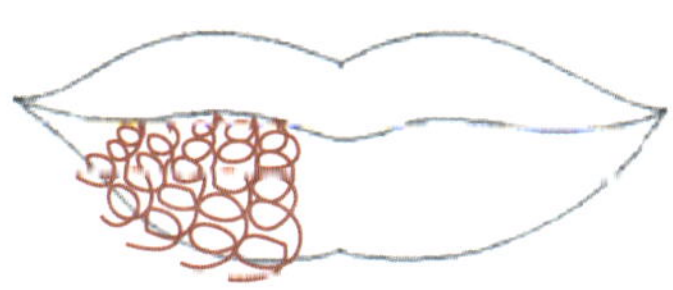

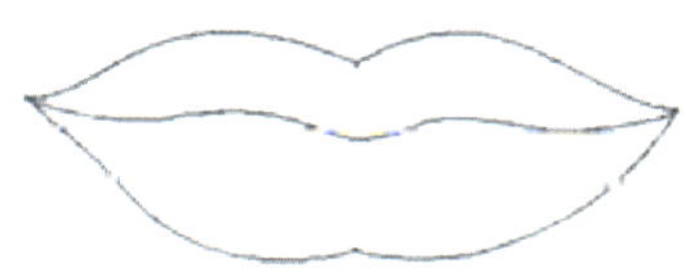

Tip

1. 힘 조절과 터치량을 입술의 안쪽과 밖의 진하기를 조절한다. 밖에서 안으로 들어갈 때 힘을 빼며 Make-up한다.(안은 연하게, 밖은 진하게) (입술이 크신 분은 안은 진하게, 밖은 연하게)
2. 아랫입술의 움직임이 더 커서 각질이 빨리 탈락되므로 아랫입술 Make-up의 터치량을 윗입술보다 1 ~ 2회 더 터치한다.
3. 텐션 : 최대한 입술을 스트레칭하며 Make-up한다
   입술 안의 주름 사이사이를 꼼꼼히 채워준다.

입술 드로잉 연습

C·H·A·P·T·E·R

Medi Contour

06 Make-up 수정

1 _ 남색, 회색에 가까운 눈썹

남색에 가까운 눈썹은 담담하고 건강하지 못해 보이고, 회색에 가까운 눈썹은 우울해 보이며 피부가 깔끔하지 못한 느낌을 들게 한다.

(1) 형성원인

① 공업용 색소의 성분이 안정하지 못해서
② 오랫동안 피부가 햇볕에 노출되어서
③ 침을 너무 깊게 찔러 출혈이 많아서

(2) 색상 전환 방법

남색, 회색에 가까운 눈썹은 차가운 색조가 많아 따뜻한 색으로 바꾸어야 한다.

① 배색 : 오렌지 브라운을 직접 사용한다.

② 안정제 : 면봉으로 안정제를 눈썹에 가볍게 바르고 랩을 30분 동안 덮어 놓는다.

③ **침법** : 남색, 회색에 가까운 눈썹에는 중도 유화침을 사용해서 눈썹이 붉게 될 때까지 시술한다. 처음에는 어색하지만, 일주일 후에는 자연스러운 브라운으로 변한다. 여러 번 시술할수록 연한 갈색으로 된다.

④ **회복** : 눈썹 전용 보습제를 발라 랩으로 10분간 덮어두었다가 4 ~ 5일 동안 지속적으로 사용한다.

2 _ 녹색에 가까운 눈썹

녹색에 가까운 눈썹과 아이라인은 느낌이 과장되어 보이고 자연스럽지 못하다.

(1) 형성원인

표백파우더를 사용하거나 표백성분을 함유한 파운데이션이 원이다.

(2) 색상 전환 방법

① **배색** : 색채 학의 원리로 볼 때 녹색의 반대색은 붉은 색이지만 실제상 순수한 녹색 눈썹은 없기에 색깔을 바꿀 때 직접 순 붉은 색을 사용할 수 없다.

② **안정제** : 면봉으로 안정제를 눈썹에 가볍게 바르고 랩을 30분 동안 덮어둔다.

③ **회복** : 눈썹 전용 보습제를 바르고 랩을 덮어 10분간 유지한 후 4 ~ 5일 동안 사용한다.

3 _ 붉은색에 가까운 눈썹

(1) 형성원인

수술 후에 남은 흔적, 흉터이거나 반영구 화장으로 시술했던 눈썹색깔이 다 떨어지고 남은 흔적이다.

(2) 색상 전환방법

① 배색 : 붉은색을 커버하여 눈썹색깔을 내리려면 더 짙은 색깔로 덮어야 한다. 검정(3등분) + 황토색(2등분)을 배합하여 짙은 녹색을 만든다.

② 안정제 : 면봉으로 안정제를 눈썹에 가볍게 바르고 랩을 30분 동안 덮어둔다.

③ 회복 : 눈썹 전용 보습제를 바르고 랩을 덮어 10분간 유지한 후 4 ~ 5일 동안 사용한다.

4 _ 검은 Lip 라인

(1) 형성원인

갈색만으로 Lip 라인을 그리면 검은색에 가까운 현상이 나타난다. 또는 감염이 원인이 될 수 있다.

(2) 색상 전환 방법

① 배색 : 오렌지색

② 안정제 : 면봉으로 안정제를 Lip에 가볍게 바르고 랩을 30 ~ 40분 동안 덮어둔다.

③ 회복 : Lip 전용 보습제를 바르고 랩을 덮어 10분간 유지한 후 일주일 동안 사용한다.

5 _ 검고 어두운 입술

(1) 형성원인

① 푸른 색소를 함유한 불안정한 공업용 색소 성분이 점막과 근육에서 작용하여 입술을 검고 어둡게 한다.

② 입술을 채우는 중 출혈이 너무 많아 혈액 속의 푸른 색소가 공기를 만나 부풀어 올라 입술 색을 어둡게 한다.
③ 고객의 원래 입술 색이 짙은데 립 Make-up 전에 먼저 옅은 색으로 바꾸지 않고 직접 짙은 색상의 색소를 사용했을 때
④ 과량의 에피네프린을 사용하였거나, 점막이 열린 후 입술에 에피네프린을 함유한 안정제를 사용했을 때

(2) 색상 전환 방법

① 배색 : 오렌지색(1등분) + 붉은색(1등분)으로 붉은 오렌지색을 만든다.
② 안정제 : 면봉으로 입술부위에 안정제를 바르고 랩을 5 ~ 10분 동안 덮는다.
③ 흡수 : 전체 입술에 Make-up하고 남은 붉은색 색소를 바르고 랩을 20분 동안 덮는다.
⑤ 회복 : 입술 전용 보습제를 바르고 랩을 덮어 10분간 유지한 후 일주일 동안 사용한다.

6 _ 잘못된 디자인에 대한 수정

잘못 문신이 된 눈썹 위에 다시 새로운 눈썹형을 디자인하여 이상적이지 않은 눈썹형을 수정한다. 수정해서 나타난 효과는 2년 정도 유지되며 눈썹 문신을 제거할 필요가 없고 수정한 색상이 피부색에 가까우며 간단하고 자연스럽다.

(1) 디자인

고객의 외관에 따라 적당한 눈썹형을 디자인한다. 그러나 새로운 눈썹형을 디자인할 때는 원래 눈썹형에서 크게 벗어나지 않는 것이 좋다. 특히 눈썹꼬리가 일치할 수 있도록 디자인 한다.

7_색소 속성의 판단방법

맑은 물을 담은 컵에 색소를 한 방울 떨어뜨렸을 때

① 식물성 색소 : 색소가 천천히 내려가는 동시에 천천히 물에서 확산된다.

② 광물금속성 색소 : 색소 방울이 '동' 하는 소리와 함께 바닥까지 닿아 젓는 bar로 저어야 확산된다.

③ 공업용 색소 : 색소 방울이 물속에 떨어짐과 동시에 확산된다.

C·H·A·P·T·E·R

Medi Contour

07 Make-up 전, 후 관리요령

① 눈썹과 아이라인의 경우 Make-up전 크게 주의할 사항은 없으나 향후 6개월 이내의 쌍꺼풀 수술 및 라식 등의 수술계획이 있는 경우 보류하여야 한다.

② 아이라인 Make-up의 경우 당일 콘택트렌즈 사용은 하지 않는 것이 좋다.

③ 입술 Make-up 의 경우 바이러스를 체크하여 Make-up 전, 후 2일 동안 처방에 따라 약을 복용하여야 한다.(총 5일)

④ Make-up 후 일주일간 사우나, 수영 등 공중시설은 피하도록 한다.

⑤ 땀이 많이 나는 심한 운동은 하지 않는다.

⑥ 아이라인 및 입술 Make-up 후 하루 정도 부어 있으므로 냉찜질을 하도록 한다.

⑦ 눈썹은 비타민 A, D가 첨가된 크림 또는 Petroleum연고(바세린 연고)를 하루 1~2회 정도 바르도록 한다.

⑧ 입술의 경우 처방에 의한 약 복용과 함께 비타민 A, D가 첨가된 입술 전용 크림을 일주일간 바른다.

⑨ 입술 Make-up 후 일주일간은 짠 것, 매운 것, 뜨거운 것, 카페인이 많이 들어가 있는 것, 담배, 술 등은 피해야 한다.

⑩ Make-up 후 3일이 지나면서 각질이 생기기 시작하는데 이 때 인위적인 방법으로 각질을 벗겨내지 않도록 하며, 손으로 만지거나 하는 행위는 하지 않도록 한다.

⑪ Make-up 후 색이 상당히 진하지만 점차 흐려진다.

⑫ Make-up 후 4주 전후하여 리터치가 필요하다.

⑬ 두꺼운 아이라인과 입술, 피부 위장술은 1회 이상 재 Make-up 이 필요할 수 있다.

⑭ 특이 체질의 경우 색소가 착색되지 않아 원하는 결과가 나오지 않을 수 있다.

⑮ Make-up 후 일시적인 부기와 붉은 기운이 나타날 수 있다.

⑯ 입술 Make-up 후 물집이 생기거나 헐 수 있으며 예방약을 복용해야 한다.

⑰ Make-up 후 비교 기준은 화장을 하지 않은 상태의 얼굴이므로 Make-up 시 고객과 색상에 대해 충분히 의논해야 하고, Make-up 후에 예상되는 현상과 고객의 기대치까지도 설명해 주어야 한다.

08 메디 컨투어 Make-up의 실패원인

① 잘못 선택한 디자인

② 잘못 선택한 색소 선정(색조 + 고객의 피부 톤 = 마지막 결과 색)

③ 고객이 Make-up 후 적절한 사후 관리 지침을 따르지 않아서

④ 시술자의 전문적 지식 및 테크닉 부족

★ 1차 Make-up 시에는 조금 모자란 듯 연하게 하고 리터치에서 교정을 하도록 한다.

09 Anesthetic(통증 안정제) 사용법

1 _ 처음 시술받는 사람들의 공통된 질문

- 고객의 질문

  얼마나 아픈가요?

- 안정제 사용에 대한 전반적인 지식 설명 → 성공

2 _ Make-up을 하는 도중에는 피부자극을 동반한다.

- 통증
- 상처
- 붉어짐
- 소독제/색소희석제에 대한 자극
- 부어 오름

3 _ 두려움과 통증과의 관계

두려움은 통증을 증가시킬 수 있는 중요한 요인 중의 하나이다.

- 혈압 상승
- 얼굴에 홍조
- 심장박동 빠름
- 흥분 / 가려운 상태
- 체온 상승

4 _ 통증 안정제를 사용하는 이유

고객이나 Make-up을 시행하는 자 모두에게 유익

- 고객 : 편안한 상태유지
- Make-up을 행하는 자
  고객이 통증을 느끼기 시작하면 근육이 수축되며 피부에 색소를 주입시키는 것을 방해하므로 고객의 안정은 색소의 주입을 쉽게 해주며 색소낭비를 막아준다.

5 _ 국소 통증 안정제의 종류

- 시술 전
  - 손상없는 피부용
  - 통증 안정제
- 시술 후
  - 손상된 피부용
  - 통증 안정제

6 _ 국소 통증 안정제의 성분

	리도카인	프리로카인	브피바카인	프로카인	테트라카인
작용발현	빠름	빠름	느림	느림	느림
지속시간	중정도	중정도	길다	짧다	길다
비고	주사로는 0.5~2% 표면마취로는 4~10%를 사용한다.	리도카인 보다 독성이 낮다. 지속투여하기에는 적합하지 않다.	장시간 진통을 필요로 할 때. 리도카인과 비교하면 국소마취 작용에 비해 심독성이 강하다.	현재 거의 사용 안함	강한 독성

7 _ 국소 통증 안정제의 취급 및 사용

① 최상의 유통기한을 유지하기 위해 모든 통증 안정제는 냉장고 같은 서늘한 곳에 보관하는 것이 좋다.

② Make-up 도중 사용시 일회용 용기 또는 색소 컵에 덜어서 사용한다.

③ 국소 통증 안정제의 용량이 증가할 수록 발현속도는 빨라지고 작용시간은 늘어난다.

④ 발현속도의 차이 때문에 국소 통증 안정제를 서로 혼합하여 사용하는 것이 일반적이다.(리도카인 + 테트라카인)

⑤ Make-up 부위를 먼저 청결히 한 후 면봉이나 작은 솔로 묻혀 사용한다.

⑥ 따뜻한 수건 등을 통해 수분을 공급한다.

⑦ 충분히 피부에 스며들게 하기 위해 필름을 사용하여 밀봉 효과를 주도록 한다.

⑧ Make-up 부위보다 넓게 충분한 양을 도포한다.

8 _ 국소 통증 안정제의 독성(중독증상)

- 중추신경계 중독증상
  - 입술과 혀의 바싹 마른 느낌
  - 현기증
  - 귀의 울림
  - 시력장애
  - 알아 들을 수 없는 언동
  - 의식소실
  - 경련
  - 혼수
  - 무호흡
- 저혈압
- 서맥
- 심정지
- 중독 예방을 위해 항상 적절한 투여량을 선택

C·H·A·P·T·E·R

Medi Contour

10 Anesthetic(통증 안정제)의 종류

1_'BIO-TOUCH'사의 대표적인 표피 안정제의 종류(미국산)

① BIO QUICK(바이오 퀵)

bio QUICK Anesthetic Cream은 Make-up 전 약 15 ~ 20분 정도 적용 부위에 도포하며 피부의 감각을 잃기 위해 적용하는 안정제이다.

- 용량 : 15gm

② Instant Numb Cream(인스턴트 넘 크림)

거의 완전하게 통증을 제어하는 강력 안정제로 눈가나 입술과 같이 민감한 피부에 빠르게 흡수된다. 피부가 열린 후 즉시(Make-up 중) 적용하며 BIO GEL(바이오 젤)과 혼합 또는 병행해서 적용한다.

- 용량 : 12gm

③ BIO GEL(바이오 젤)

바이오 젤은 Make-up 중 혹은 후에 통증, 출혈, 또는 붓는 것을 즉시 제거하는 중간 통증 안정제로 사용한다.

④ BIO Stick(바이오 스틱)

Make-up 후 물집을 방지하는 강력한 산화 방지, 통증 완화, 보습제로 비타민 A, 비타민 E와 SPF 15의 혼합물이다.
필요에 따라 30 ~ 60분 마다 바르도록 한다.

• "numb : 감각을 잃게 하다. 저리게[얼게]하다. 〈약 등이 고통을〉 완화시키다"라는 뜻을 지님}

2_기타 주로 많이 사용되는 안정제의 종류(미국산)

① NUM QUICK PINK(넘 퀵 핑크) line

식물의 추출물로 조조바 기름과 알로에 베라가 주성분, Make-up 전 아이라인 속 눈썹과 립 위에 사용하며 안전하게 사용할 수 있는 제품이다. NUM QUICK 5%, NUM QUICK PINK 두 종류가 있다.

② NUM QUICK Stick(넘 퀵 스틱)

- 립스틱 타입으로 단일 환자 사용
- 3 ~ 4회 Make-up 할 환자가 소지하고 립 Make-up 30분전 병원으로 가는 도중 바르고 가면서 시간을 절약할 수 있는 이점이 있다.
- 표피가 열리면 TAG#45 Gel 중간 통증 안정제로 사용한다.
- 5%의 Lidocaine 연고

③ DOTC Blue(COTC 블루)

Make-up 전에 사용하는 안정제로 눈에 들어가지 않도록 주의하고 눈에 직접 들어갔을 경우 즉시 물 또는 식염수 등으로 씻어낸다.

④ TAG#45(테크 45)

최초의 메디 컨투어 Make-up 전용 중간 통증 안정제로 충혈과 Make-up 도중 붓는 것을 제어하는데 효과적이다.

⑤ Punch Tetagel 2%(에프터 케어 크림 : 미국산)

Tetracane 2%

- 안정시간을 길게 연장시킨다.
- 단독 혹은 TAG#45와 함께 사용하며, 효과적으로 사용하기 위해서는 빈 용기에 따로 담아 Make-up 하는 동안 TAG#45를 2 ~ 3회 도포한 위에 발라준다.

3 _ Aftercare cream(에프터 케어 크림 : 미국산)

① Liprotek(리프로 텍)

포진 반응 억제제(헤르페스)로 주로 립 Make-up 후 사용하는 Aftercare cream이다. 약초를 원료로 한 산화방지제, 보습제이며, Stick의 형태로 되어 있으며 Make-up 후 약 1주일 동안 수시로 발라준다.

② Heal Quick(헤르 퀵)

식물성으로 입술 Make-up 후 상처 난 부위가 치료되는 동안 자외선으로 부터 보호되도록 만들어졌다. 표피는 비타민이 강화된 이 연고를 통하여 헤르패스 바이러스로부터 안전하게 지켜질 수 있다. Stick의 형태로 되어 있으며 역시 Make-up 후 수시로 발라준다.

③ Vitamins "A&D" ointment(비타민 A&D 연고)

Vitamins A&D 가 주성분인 연고로 Make-up 후 바르는 보습제이다. 상처 난 피부가 재생하는 데 도움을 주며 함께 함유된 바세린 성분이 Make-up 부위가 건조되는 것을 방지하는 역할을 한다. Make-up 후 각질이 떨어진 후 약 3일 ~ 5일 정도 더 발라 주도록 한다.

④ White petrolatum(화이트 바세린)

거칠어진 피부를 부드럽게 해주는 역할을 하므로 Make-up 도중이나 후에 사용하여 충분히 보습이 되도록 도와준다. 각질이 떨어진 후 약 3 ~ 5일 정도 더 발라 주도록 한다.

⑤ Bacitracin zinc ointment(백시트레이신 징크 오인먼트)

일종의 항생 성분이 함유되어 있는 연고로 헤르패스 바이러스로부터 보호해 준다. Make-up 후 2일 정도 바른 후 Vitamins "A&D" ointment 또는 White petrolatum을 발라 주도록 한다.

⑥ Bepanthen cream(비판덴 크림) : 호주산

일종의 antiseptic(안티셉틱 : 소독제)으로 Make-up 후 발라주면 여러 가지 외부로부터 감염을 방지해 주고 보습을 도와준다. 모든 메이크업 부위에 바르며, Make-up 후 약 5 ~ 7일 정도 발라주도록 한다.

C·H·A·P·T·E·R

Medi Contour

11 기타 제품들

① 색소컵

색소를 적당량 덜어 사용하는 작은 컵으로 큰 사이즈와 작은 사이즈가 있다. 큰 사이즈의 색소컵은 주로 립 Make-up이나 피부상처를 커버할 때 사용되며 작은 사이즈의 컵은 눈썹이나 아이라인 시 사용하면 색소를 보다 경제적으로 쓸 수 있다.

② 색소컵 홀더

색소컵을 고정시켜 주는 홀더이다. 색상이 있는 것보다는 색상이 없는 투명한 것이 좋으며 주로 5개의 구멍이 뚫려 있는 것이 보통이다.

③ 마이크로 브러쉬

면봉 모양의 작은 브러쉬로 안정제를 바를 때 사용한다. 적은 양을 골고루 도포할 수 있으므로 안정제를 경제적으로 사용할 수 있고 특히 아이라인 도포 시 편리하게 쓸 수 있다.

④ 믹서기

색소를 혼합할 때 사용한다. 사용 시 지그시 손잡이를 눌러만 주면 혼합이 되는데 손잡이를 누른 상태에서 휘젓지 않도록 주의한다. 색소가 사방으로 튈 수 있기 때문이다.

⑤ Q팁

마이크로 브러쉬와는 달리 길이가 길고 솜방망이가 비교적 큰 것으로 눈썹의 각도를 맞추거나 엠나를 도포할 때 주로 사용된다.

⑥ 위생저

직사각형 모양의 스테인레스 그릇으로 Make-up시 젖은 솜 등을 놓는데 쓰인다.

⑦ 젖은 솜

주로 식염수 혹은 증류수 등 정제된 물에 적셔 사용하며 적셔놓은 솜은 냉장 보관하는 것이 좋다.

⑧ 1회용 장갑

Make-up 시 사용하는 1회용 장갑은 소독이 된 것이어야 하며 한 번 사용한 것은 재사용하지 않는다.

⑨ 확대경

Make-up시 색소가 골고루 채색되었는지를 확인할 수 있는 기구이다.

⑩ 마킹펜

디자인 해 놓은 것이 Make-up 시 지워지는 것을 방지하기 위해 Make-up 전 마킹펜으로 아웃라인을 그려준다. 마킹펜으로 그려준 후 바로 젖은 솜으로 닦아내면 선이 흐리게 남아 Make-up을 모두 끝낼 쯤이면 마킹펜 자국은 모두 지워지므로 편리하다.

⑪ 츄레이

Make-up시 색소 및 기계, 카트리지 등을 셋팅 해 놓는 이동식 진열대로 웨건 이라고도 부르며 고를 때는 본인의 앉은 자세에서 편리하게 이동할 수 있는 높이의 것을 선택해야 한다.

⑫ Make-up 베드

Make-up 시 사용하는 베드로 침대의 높낮이 및 침대 윗부분을 임의로 세울 수 있는 것이 편리하다. 위생을 위해 침대 구입시 바로 투명 비닐을 깔고 수시로 소독해 주도록 한다.

⑬ Make-up 의자

높낮이 조절이 가능한 것이어야 한다.

⑭ 휴지통

카트리지 및 팁 등은 일반적인 쓰레기와 분리해서 버리도록 해야 하므로 여러 가지로 준비한다.

⑮ 눈썹 면도기

눈썹을 정리할 때 사용하는 기구로 물기가 닿지 않도록 하고 사용 후 반드시 소독하도록 한다.

⑯ 에보니 펜슬

눈썹용 펜슬로 회색의 색상을 띤다. Make-up전 디자인 할 때 사용한다.

⑰ 커버랩

통증 안정제를 바른 후 안정이 되도록 도와주는 랩으로 접착력이 있다.

⑱ 청소용 스크루 브러쉬

기계 바디 부분의 좁은 곳을 청소하는데 용이한 브러쉬이다.

⑲ 누브릭케인

안구 보호용 코팅제로 점성이 강한 점안액이다. 아이라인 Make-up시 점안하면 안구를 보호해 주는 역할을 한다.

⑳ 아이스패드

시설 후 붓기를 가라 앉히고, 통증을 완화시킨다.

㉑ 기계

국내 및 독일 제품(추가구성 : 아답터, 풋페달, 부속품 등)

㉒ 색소

검증된 색소를 사용해야 한다.

㉓ 통증 안정제(1, 2차), After care

적용부위에 맞는 안전한 제품을 사용해야 한다.

㉔ 카트리지

일회용으로 멸균 낱개 포장된 것을 사용하여야 한다.

MEMO

1. 눈썹 Make-up 후 주의사항

2. 아이라인 Make-up 후 주의사항

3. 입술 Make-up 후 주의사항

4. 고객 동의서

5. 고객카드

6. 상담카드

부록

MEDI CONTOUR

••• 눈썹 Make-up 후 주의사항 •••

① 비누세안을 피하고 폼클렌징을 사용해 주시기 바랍니다.(약 3일간)

② 찜질방이나 고온의 사우나, 수영장 이용은 피해주시기 바랍니다.(약 1주일간)

③ 땀이 많이 나는 심한 운동은 피해주시기 바랍니다.(약 1주일간)

④ 비타민 A, D가 첨가된 크림 또는 바세린 연고를 하루 1 ~ 2회 정도 바르도록 합니다. (약 4일간)

⑤ 특이 체질의 경우 색소가 착색되지 않아 원하는 결과가 나오지 않을 수 있습니다.

⑥ Make-up 후 일시적인 부기와 붉은 기운이 나타날 수 있습니다.

⑦ Make-up 후 3일이 지나면서 각질이 생기기 시작하는데 이 때 인위적인 방법으로 각질을 벗겨내지 않도록 하며, 손으로 만지거나 긁는 행위는 하지 않도록 합니다.

⑧ Make-up 을 한 후에는 상당히 진해 보일 수 있으나 점차 흐려집니다.

⑨ Make-up 후 4주 이후에 리터치가 가능합니다.

⑩ Make-up 후 3일이 지나면 각질이 탈락되면서 착색이 40% 정도 탈락됩니다.

위의 사항을 준수하지 않음으로 인하여 Make-up 결과에 차질이 생기는 경우에는 책임을 묻지 않을 것을 확인합니다.

날짜 : 20 년 월 일 고객이름 : 서명 :

••• 아이라인 Make-up 후 주의사항 •••

① 크게 주의 할 사항은 없으나 라식 등의 수술 계획이 있는 경우에는 6개월 이후에 가능 합니다.(담당의사의 상의에 따라 진행합니다.)

② 비누세안을 피하시고 폼클렌징을 사용해 주시기 바랍니다.(약 3일간)

③ 찜질방이나 고온의 사우나, 수영장 이용은 피해주시기 바랍니다.(약 1주일간)

④ 특이 체질의 경우 색소가 착색되지 않아 원하는 결과가 나오지 않을 수 있습니다.

⑤ 눈화장은 Make-up 후 1주일 정도는 피해야 합니다.

⑥ Make-up 후 당일은 콘텍트렌즈 사용을 하지 않아야 합니다.

⑦ Make-up 후 색소가 묻어 나오는 경우에는 깨끗한 면봉을 이용하여 닦아 주시기 바라며, 가렵다고 손으로 긁거나 만지는 일은 삼가하여 주시기 바랍니다.

⑧ Make-up 후 하루 정도는 부어 있으므로 냉찜질을 하도록 합니다.

⑨ 땀이 많이 나는 심한 운동은 피하여 주시기 바랍니다.(약 1주일간)

⑩ Make-up 후 3일이 지나면서 각질이 생기기 시작하는데 이 때 인위적인 방법으로 각질을 벗겨내지 않도록 하며, 손으로 만지거나 긁는 행위는 하지 않도록 합니다.

⑪ Make-up 을 한 후에는 상당히 진해 보일 수 있으나 점차 흐려집니다.

⑫ Make-up 후 4주 이후에 리터치가 가능합니다.

⑬ Make-up 후 3일이 지나면 각질이 탈락되면서 착색이 30% 정도 탈락됩니다.

위의 사항을 준수하지 않음으로 인하여 Make-up 결과에 차질이 생기는 경우에는 책임을 묻지 않을 것을 확인합니다.

날짜 : 20　　년　　월　　일　　　고객이름 :　　　　　　　　　서명 :

••• 입술 Make-up 후 주의사항 •••

① 비누세안을 피하고 폼클렌징을 사용해 주시기 바랍니다.(약 3일간)
② 찜질방이나 고온의 사우나, 수영장 이용은 피해 주시기 바랍니다.(약 7일간)
③ 땀이 많이 나는 심한 운동은 피해 주시기 바랍니다.(약 7일간)
④ 특이 체질의 경우 색소가 착색되지 않아 원하는 결과가 나오지 않을 수 있습니다.
⑤ 비타민 A, D가 첨가된 크림 또는 바세린 연고를 하루 1 ~ 2회 정도 7일간 바르도록 하며, 이후 1개월간 항상 건조하지 않게 촉촉함을 유지하도록 립밤이나 바세린을 바르도록 한다.
⑥ Make-up 후 3일이 지나면서 각질이 생기기 시작하는데 이 때 인위적인 방법으로 각질을 벗겨내지 않도록 하며, 손으로 만지거나 긁는 행위는 하지 않도록 합니다.
⑦ 일주일이 경과하면 새로운 표피 조직이 올라오게 되는데 이 때 색갈이 더 선명해질 수 있음을 고객에게 주지시킨다.
⑧ Herpes 치료약을 Make-up 후 3일간 복용하도록 한다.(매 6시간 마다)
⑨ Herpes 보균자는 Acyclover 연고를 사용하게 하고 이 때 손가락을 사용하지 않고 깨끗한 면봉을 사용하게 한다. 또한 Herpers 치료약을 Make-up 2일 전부터 5일간 복용하도록 한다.(매 6시간 마다)
⑩ 맵고 짠 음식은 자제해 주시고 만약 드셨을 경우에는 휴지에 물을 묻혀서 입술을 가볍게 누르면서 닦아 주시기 바랍니다.
⑪ 뜨거운 것, 카페인이 많이 들어가 있는 것, 담배, 술 등은 피해야 합니다.
⑫ Make-up 을 한 후에는 상당히 진해 보일 수 있으나 점차 흐려집니다.
⑬ Make-up 후 2개월 후에 리터치가 가능합니다.
⑭ Make-up 후 치아미백은 이터치 2개월 후부터 하도록 합니다.

위의 사항을 준수하지 않음으로 인하여 Make-up 결과에 차질이 생기는 경우에는 책임을 묻지 않을 것을 확인합니다.

날짜 : 20 년 월 일 고객이름 : 서명 :

••• 고객 동의서 •••

1. 일반 건강진단 체크 – 해당되는 사항에(✓) 표시 하시오

① 당 뇨 ( )	② 간 질 ( )	③ 고혈압 ( )
④ 혈우병 ( )	⑤ 에이즈 ( )	⑥ 간염 – 타입 ( )
⑦ 입술 구순허피스 ( )	⑧ 입술–콜라겐 및 필러 삽입 ( )	
⑨ 심장질환 ( )	⑩ 궤양 ( )	⑪ 임 신 ( )
⑫ 류마티스 열 ( )	⑬ 암 – 타입 ( )	⑭ 파상풍( )
⑮ 한센병 ( )	★ 약 복용여부 – 종류 ( )	

기타 위의 나열되지 않은 병력이나 성형수술 경력 및 계획을 나열하시오
(   )

과거와 현재, 나의 병력에 대한 진술이 사실이고 정확함을 알립니다. 나는 이 진술에 밝히지 않는 이유로 인하여 심각한 건강 문제가 일어날 수 있음을 알고 있습니다. 또한 이러한 정보를 제공하지 않음으로 인해서 직접적으로 메디 컨투어 Make-up 결과에 차질이 올 수 있음을 인식하고 있으며 그로 인해 절대로 Make-up에 대한 책임을 묻지 않을 것을 확인합니다.

날짜 : 20   년   월   일   고객이름 :   서명 :

2. 아래 내용은 메디 컨투어 Make-up 을 하기 전에 고객님에게 사전 상담을 하기 위한 설명입니다.

① 고객님께서 받고자 하는 메디 컨투어 Make-up은 일반적으로 행하여지는 문신이나 반영구화장이 아닙니다. 독일에서 세계최초로 개발한 장기 지속성 화장방법으로 일반 문신이나 반영구 화장과는 달리 피부표피층에만 색소를 침투하는 방식이며, Make-up 후라도 언제든지 수정 및 보완이 가능하고, 개개인의 차이에 따라 평균 6개월~1년 후에 신진대사에 의하여 자연스럽게 지워지는 Make-up입니다.

② 식약청에 인증 받은 허가된 디지털 기기로서 보다 안전한 Make-up을 시행합니다.

③ 중금속과 알레르기 테스트를 통과한 인체에 무해한 색소를 사용하고 있습니다.

④ 멸균 포장된 일회용 카트리지만을 사용하며 사용 후에는 반드시 폐기처리 합니다.

⑤ 메디 컨투어 Make-up 후에는 약간의 가려움과 따가움의 증상이 잠시 나타날 수 있으며 증상이 심한 경우에는 저희 전문가와 상담 후에 의사의 도움을 받아야 합니다.

위의 내용을 충분히 설명 들었음을 확인하며 메디 컨투어 Make-up 받는 것에 동의합니다.

날짜 : 20　　년　　월　　일　　　고객이름 :　　　　　　　　서명 :

••• 고 객 카 드 ••• NO.

고객정보

고 객 명		생년월일	
휴 대 폰		전화번호	
주 소			
소 재 자		성 별	
결혼여부		직 업	

Make-up 하고 싶은 부위에 ✓ 표시하세요.

눈 썹		아이라인		립 라 인		입술전체	
눈썹수정		리 터 치		미 인 점		기 타	

기준 Make-up 했던 부위에 ✓ 표시하세요.

눈 썹		아이라인		립 라 인		입술전체	
눈썹수정		리 터 치		미 인 점		기 타	

기준 Make-up 했던 부위에 ✓ 표시하세요.

1. 고객 동의서에 서명 날인 하셨습니까? (예 / 아니오)
2. 시술 후 후처리에 대해 충분히 이해하셨습니까? (예 / 아니오)
3. 리터치 기간에 대해 예약하셨습니까? (예 / 아니오)
4. 예약 날짜 : 20 년 월 일

본인은 위 사항이 사실임을 확인합니다.

날짜 : 20 년 월 일 고객이름 : 서명 :

••• 상 담 카 드 ••• NO.

1차 Make-up : 20 년 월 일

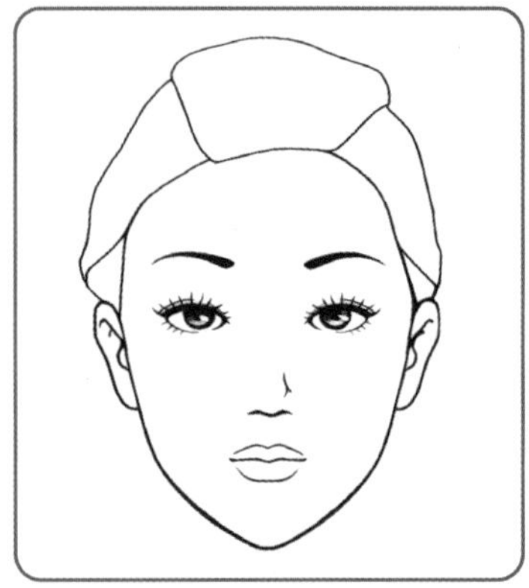

① 색소 :

② 카트리지 :

③ 특이사항 :

2차 Make-up : 20 년 월 일

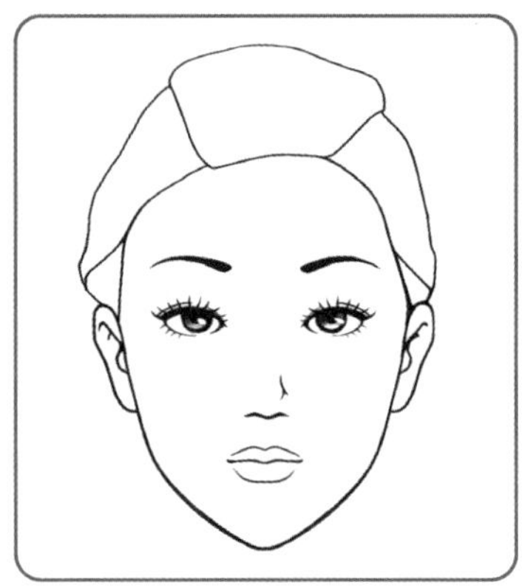

① 색소 :

② 카트리지 :

③ 특이사항 :

3차 Make-up : 20 년 월 일

① 색소 :

② 카트리지 :

③ 특이사항 :

MEMO

• 눈썹 기본결 기초 드로잉 연습

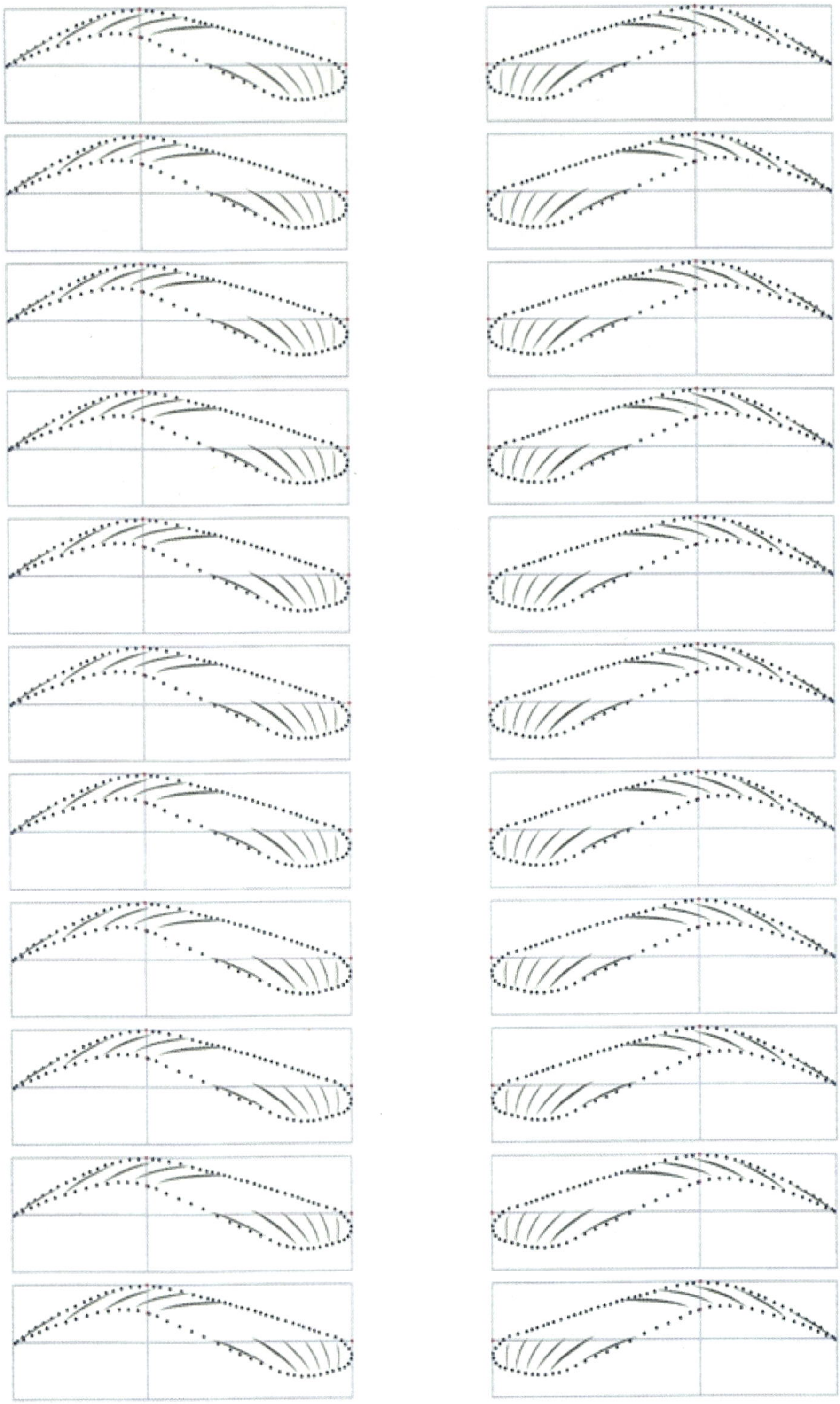

• 눈썹 기본결 숙련 드로잉 연습

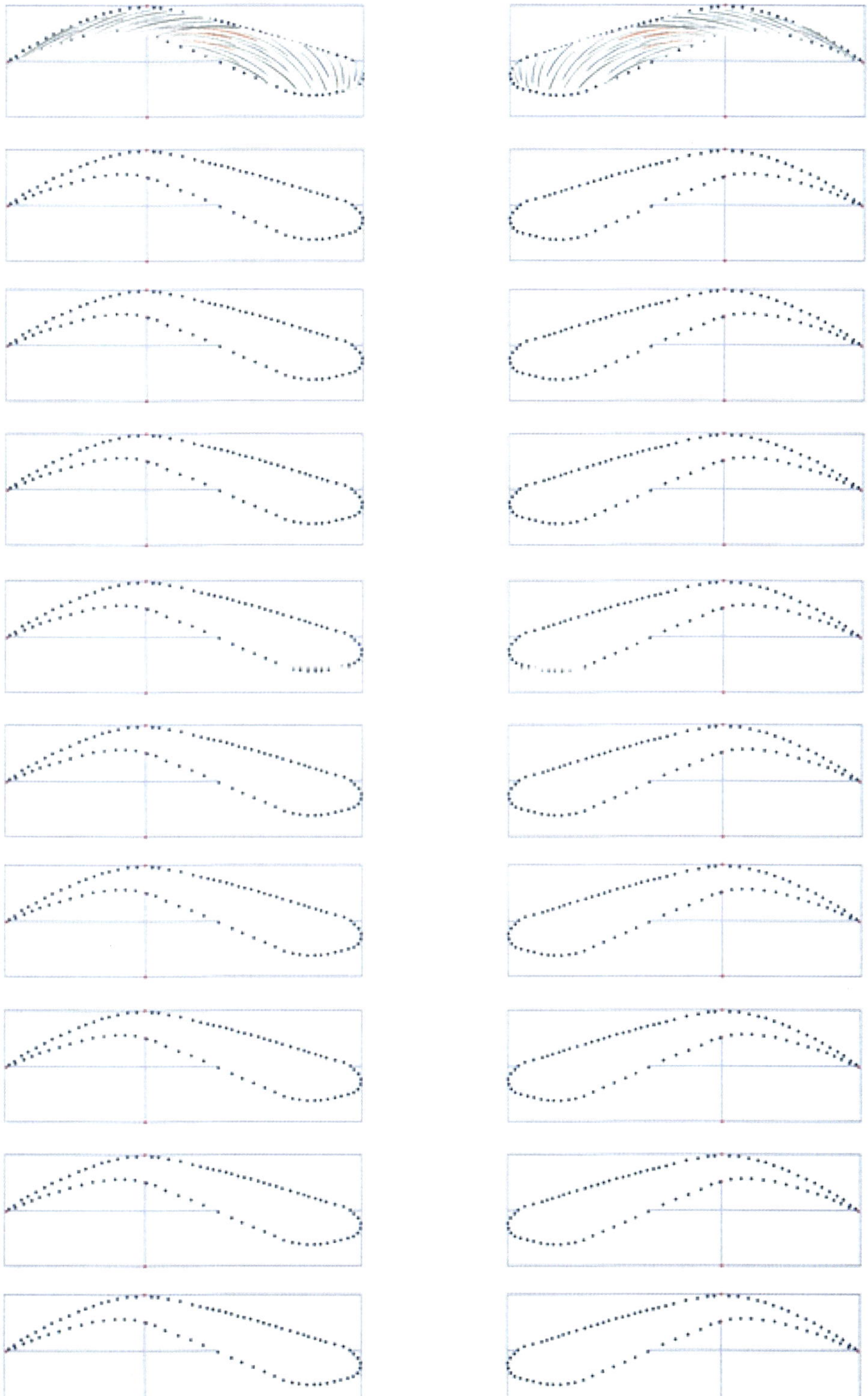

• 눈썹 기본결 기초 드로잉 연습

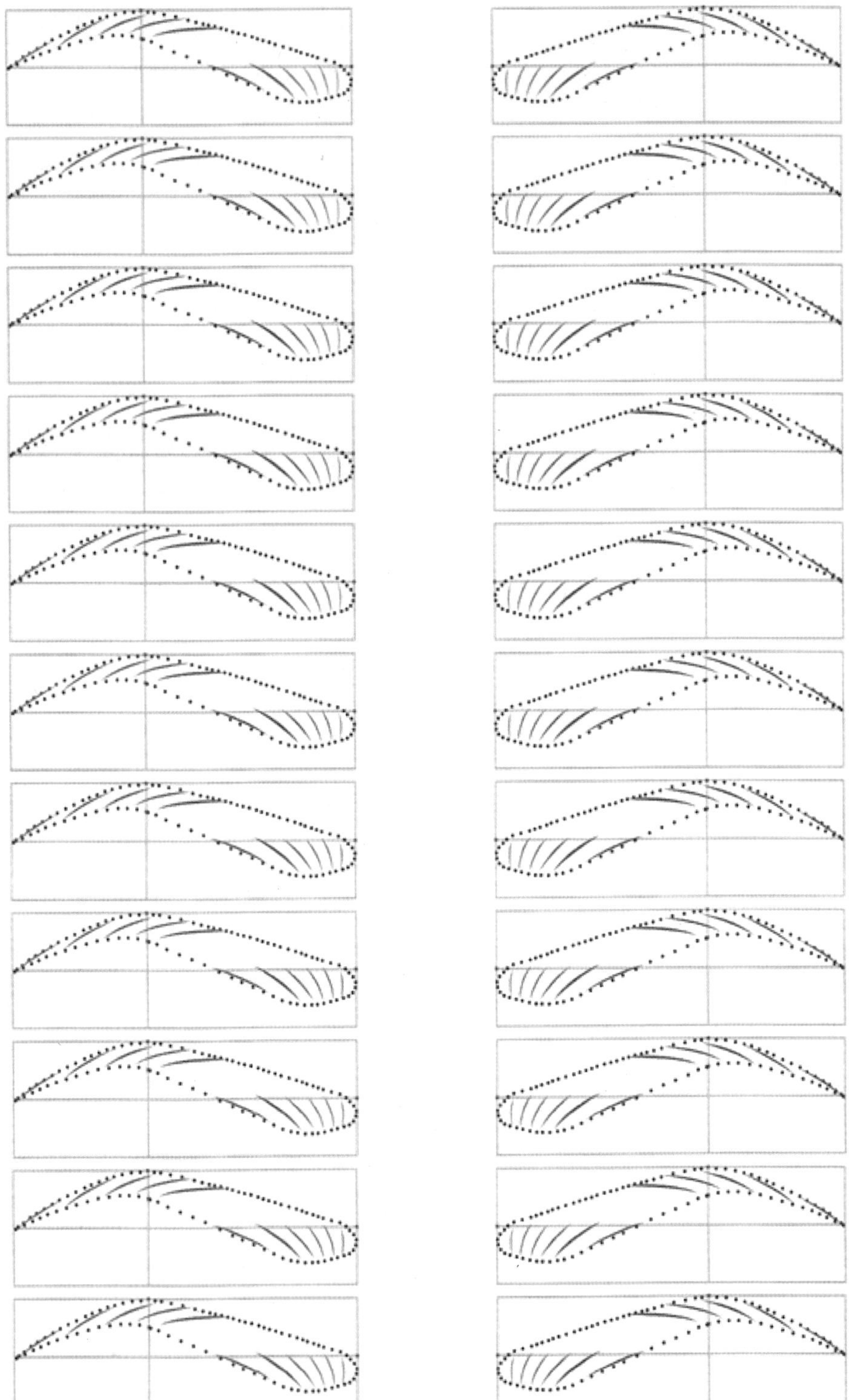

• 눈썹 기본결 숙련 드로잉 연습

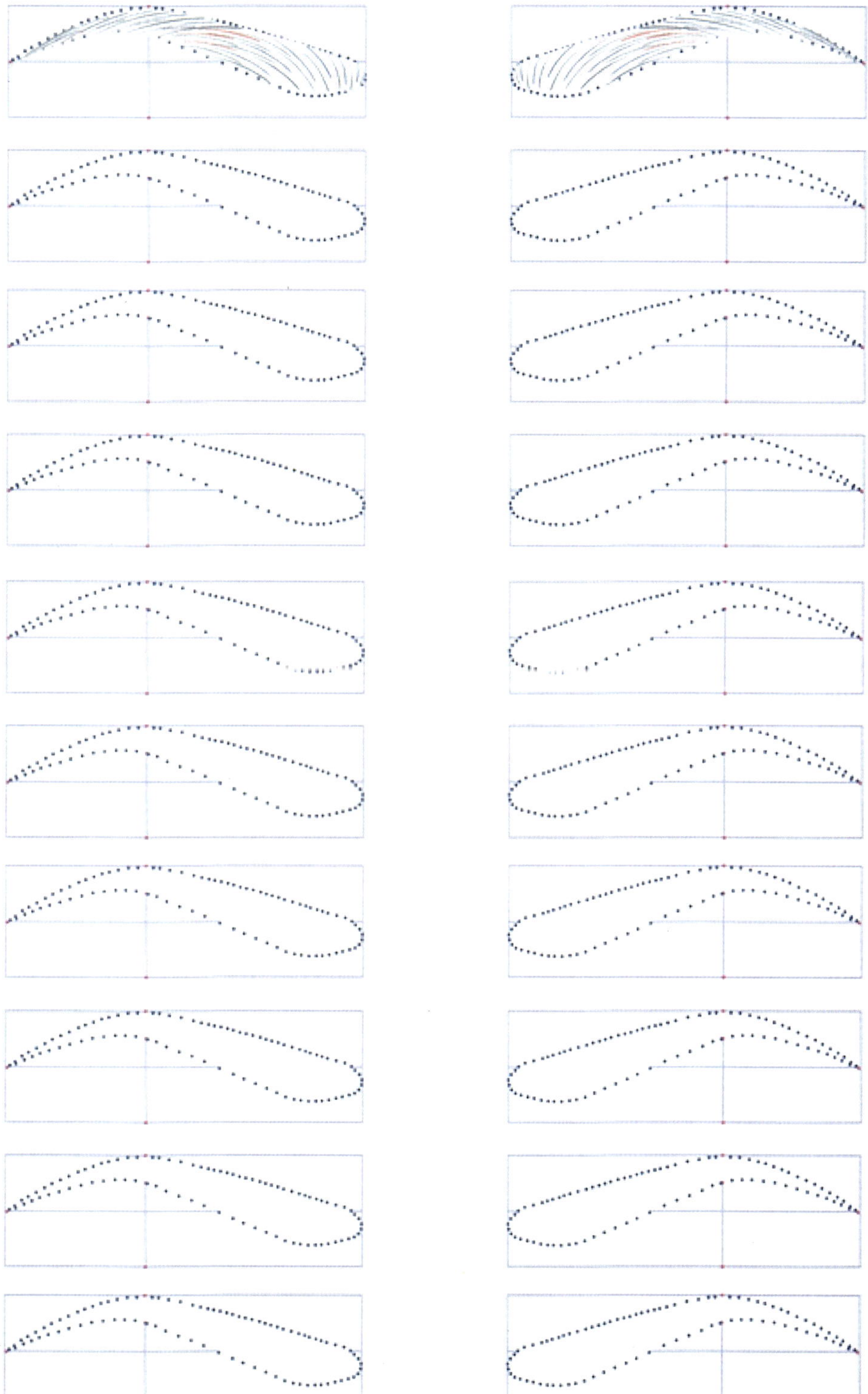

• 눈썹 기본결 기초 드로잉 연습

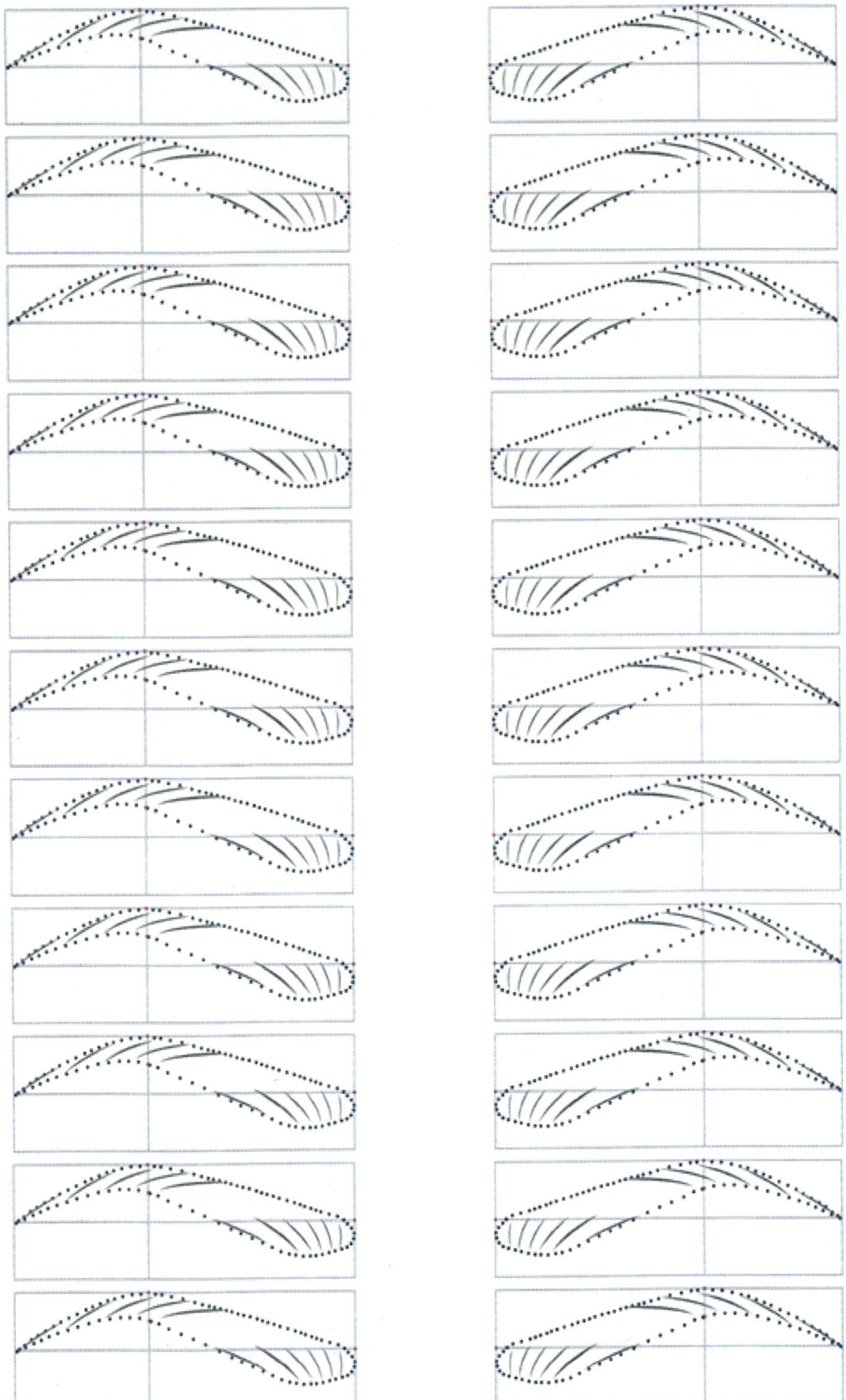

• 눈썹 기본결 숙련 드로잉 연습

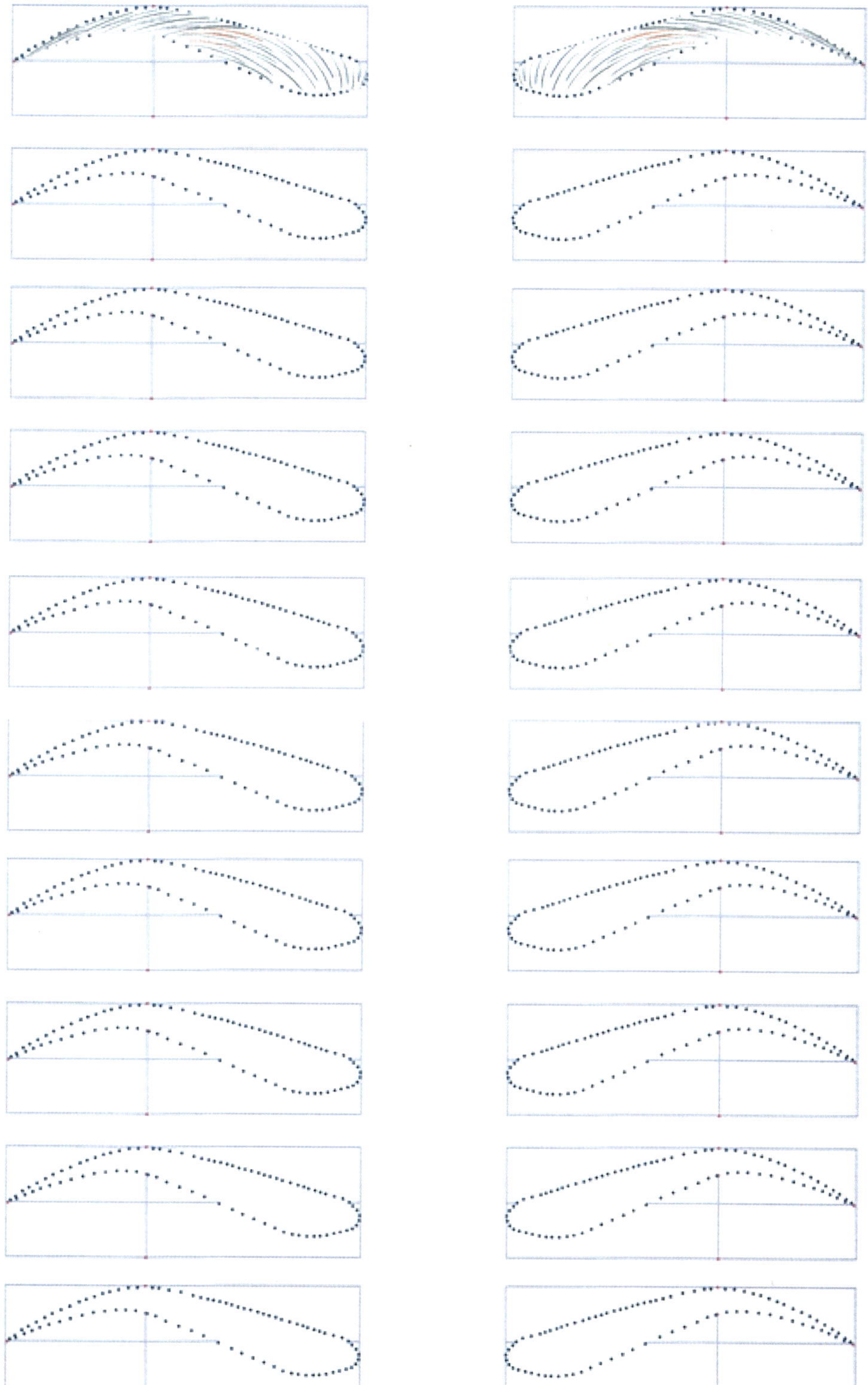

• 눈썹 기본결 기초 드로잉 연습

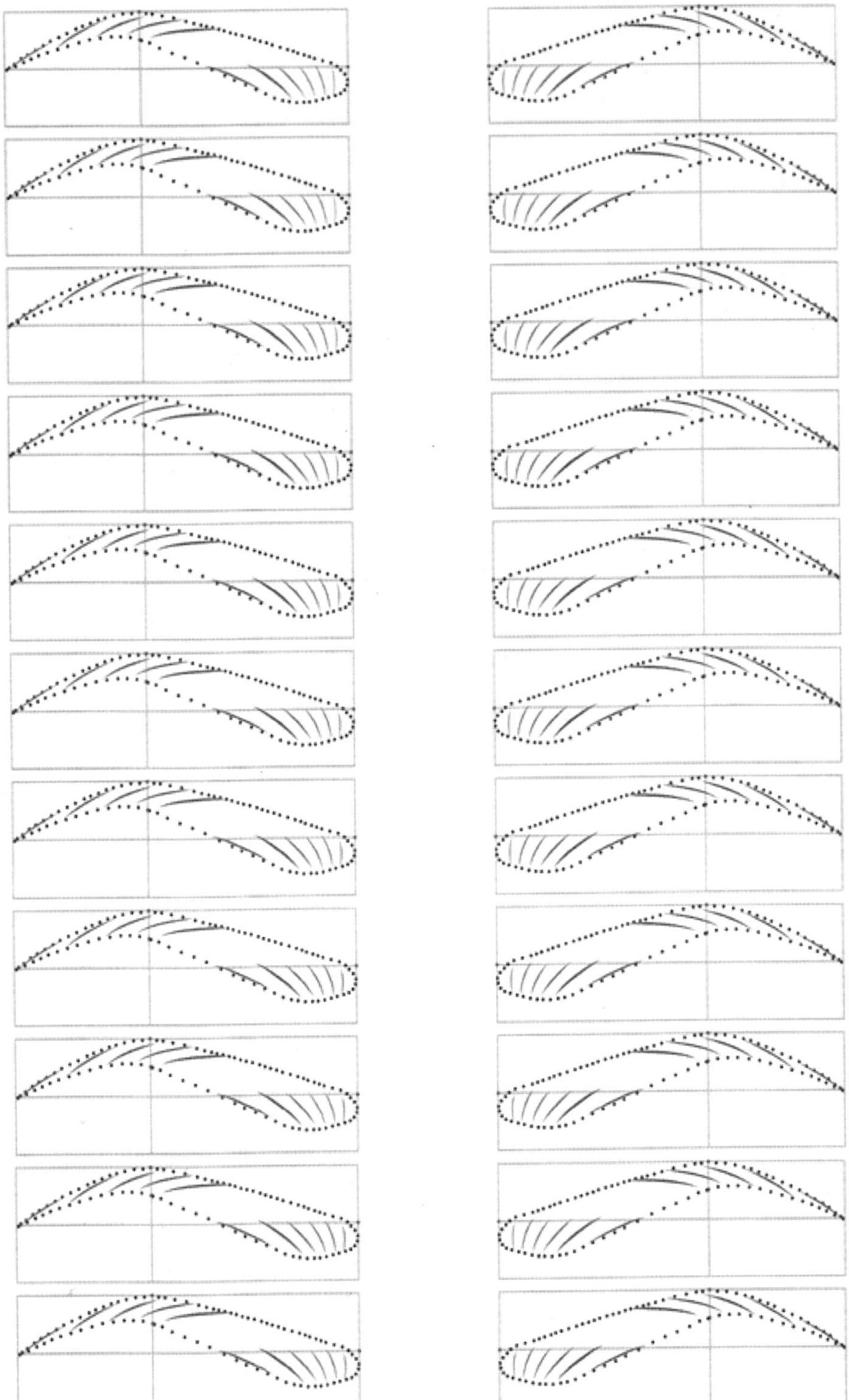

• 눈썹 기본결 숙련 드로잉 연습

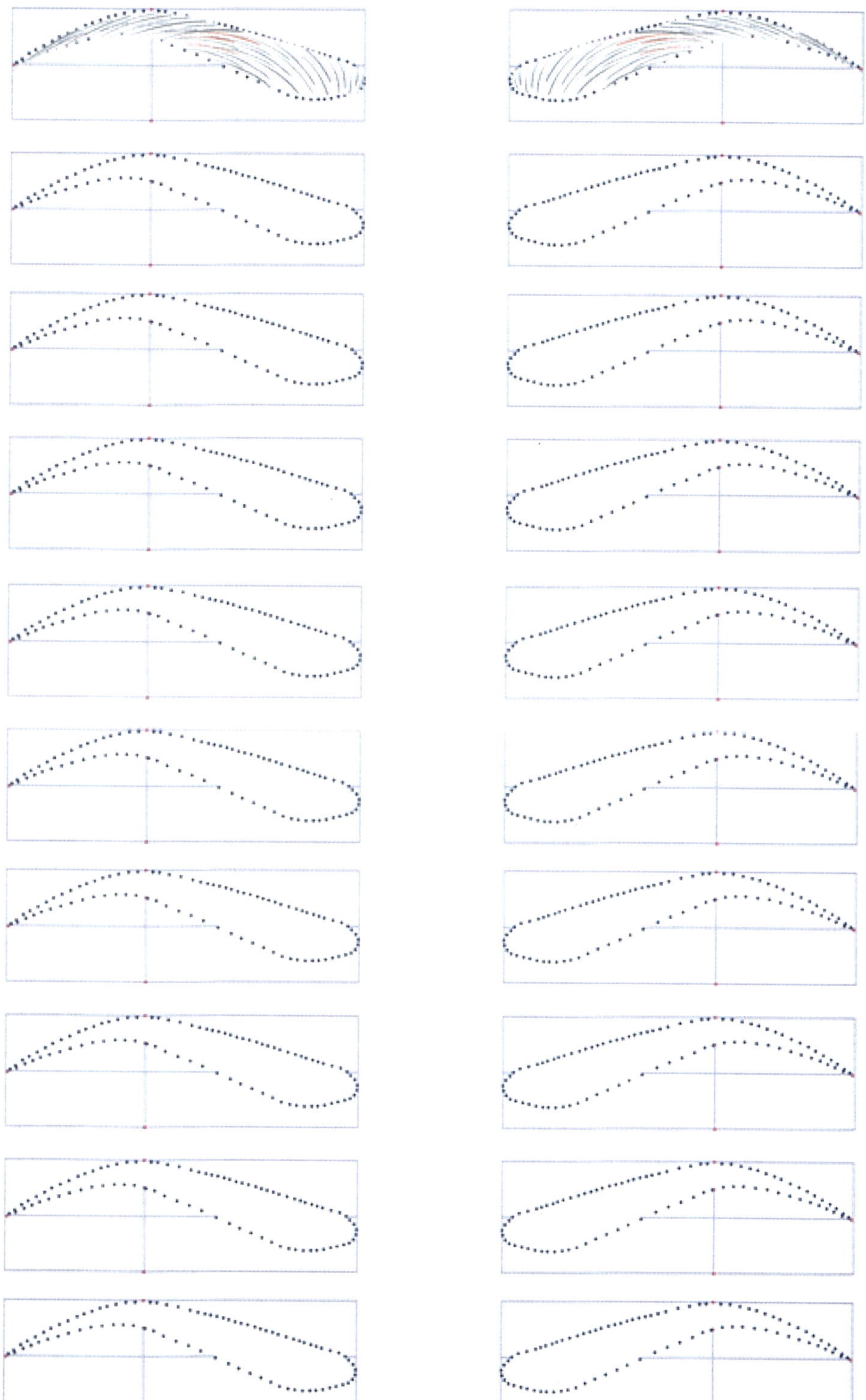

• 눈썹 기본결 기초 드로잉 연습

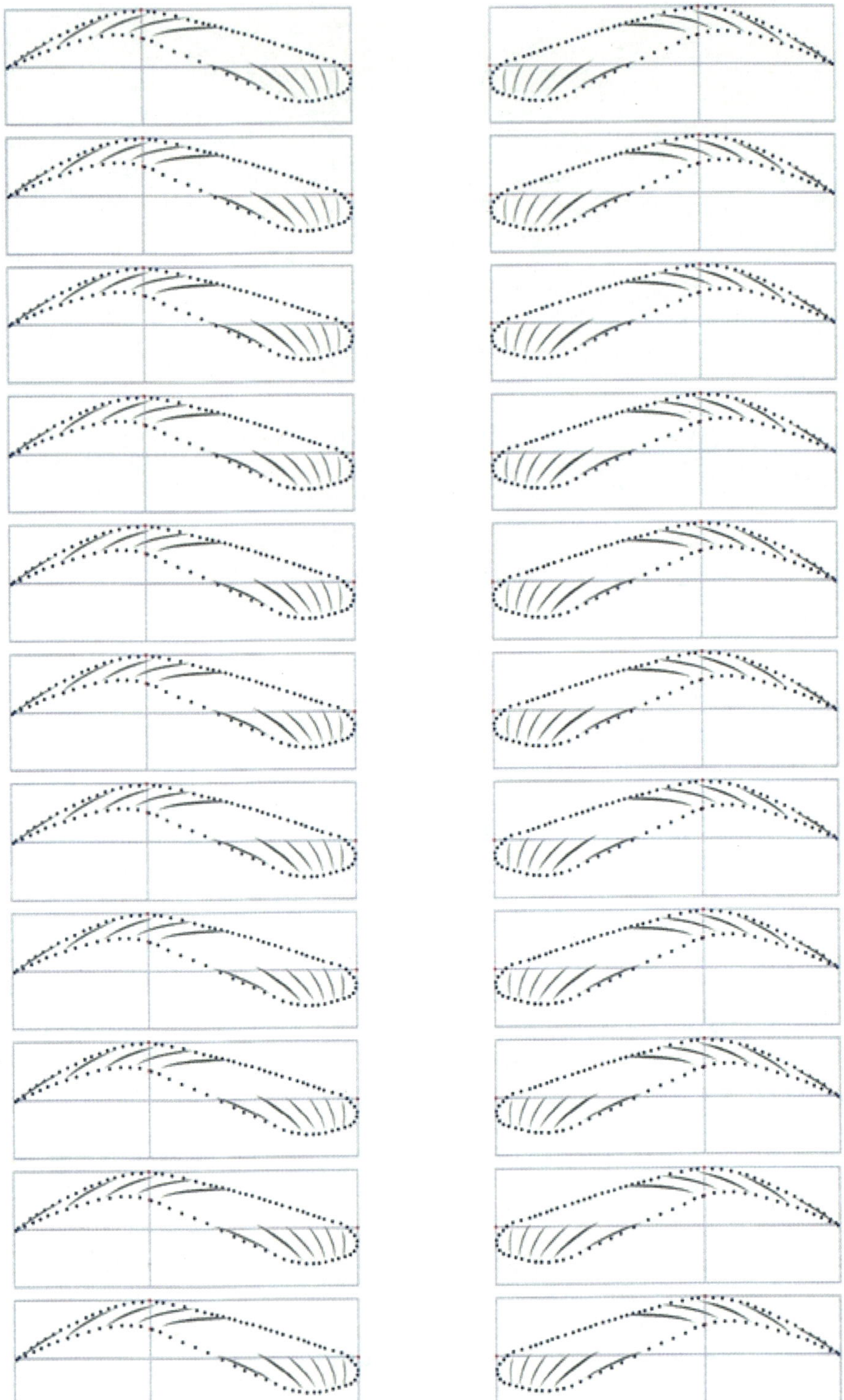

• 눈썹 기본결 숙련 드로잉 연습

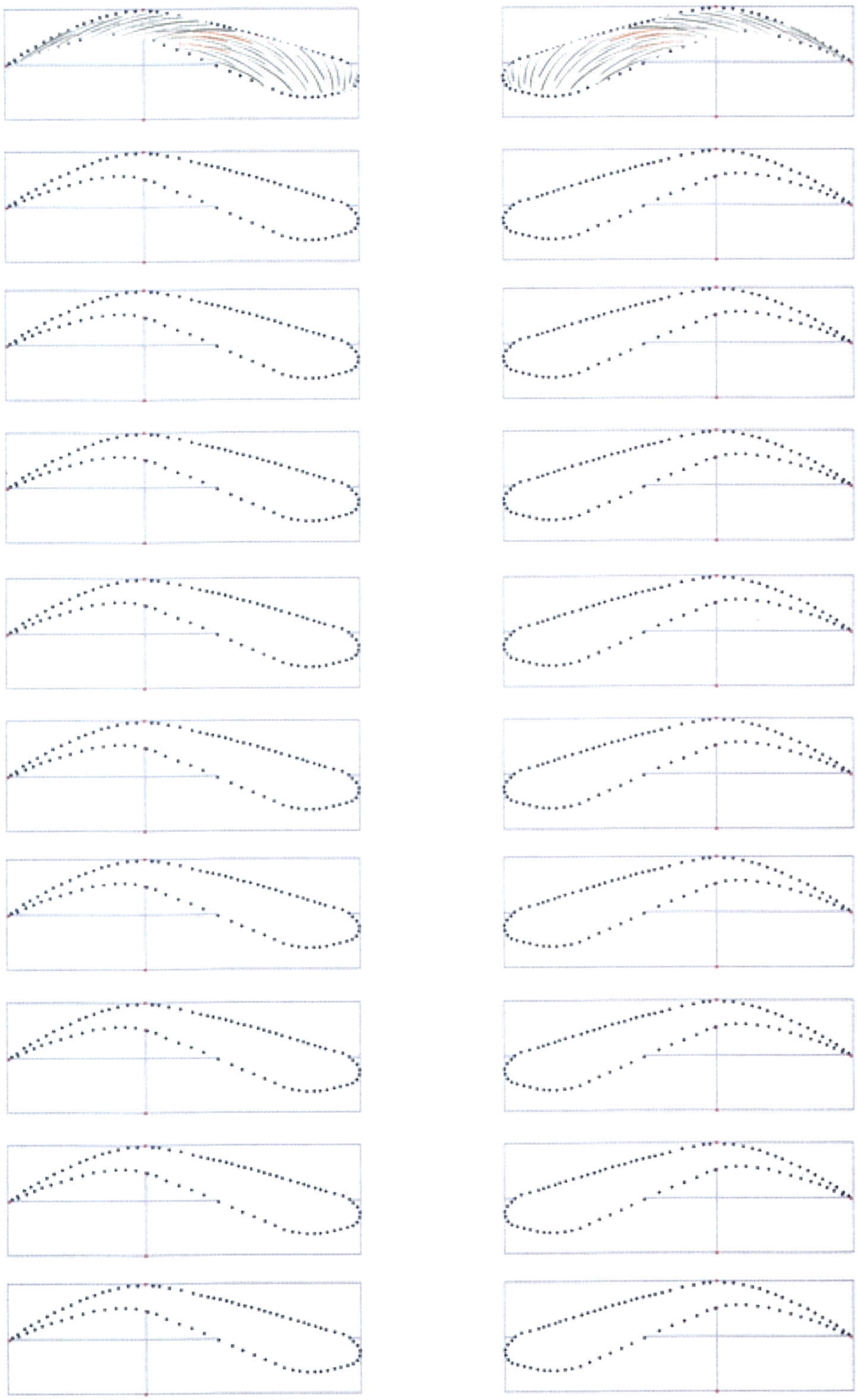

입술 드로잉 연습

입술 드로잉 연습

입술 드로잉 연습

입술 드로잉 연습

입술 드로잉 연습

입술 드로잉 연습

이수미

현) 한국아건강협회 이사장
현) 중국반영구화장 기술표준화 부주임
현) 중국중화아건강복무중심 피부아건강 최고기술자
국제컨투어메이크업협회 회장

이용미

현) SM.K Beauty Lab 대표
현) 한국 아건강 협회 교육이사
한국 세미퍼머넌트 최초 강사 자격증 취득
세계뷰티문화산업교류협회 기술강사(자격증 검정위원장)

임미현

중앙대 의약식품대학원 석사 졸업
현) 소향라포리스 피부과 성형외과 교육이사
전) 한국아건강협회 교육실장
전) 경인여자대학 외래교수

메디 컨투어 (MEDI CONTOUR)

초판 인쇄 | 2015년 9월 20일
초판 발행 | 2015년 9월 30일

지 은 이 | 이수미, 이용미, 임미현
발 행 인 | 조규백
발 행 처 | **도서출판 구민사**
(150-034)
서울특별시 영등포구 문래로 187, 604(영등포동4가, 동서빌딩)
전 화 | (02) 701-7421(~2)
팩 스 | (02) 3273-9642
홈페이지 | www.kuhminsa.co.kr

등 록 | 제14-29호 (1980년 2월 4일)
I S B N | 979-11-5813-081-7 [03590]

값 20,000원